# 安徽省河湖长制知识百科

陈宏伟　顾　雯　王晓敏　汪振宁　徐国敏　等　著

黄河水利出版社

·郑州·

## 图书在版编目(CIP)数据

安徽省河湖长制知识百科/陈宏伟等著.—郑州:黄河水利出版社,2020.1
ISBN 978-7-5509-2597-7

Ⅰ.①安… Ⅱ.①陈… Ⅲ.①河道整治-责任制-安徽 Ⅳ.①TV882.854

中国版本图书馆 CIP 数据核字(2020)第 031732 号

出　版　社:黄河水利出版社　　　　　　　　　　　　　　网址:www.yrcp.com
　　　　　地址:河南省郑州市顺河路黄委会综合楼 14 层　　邮政编码:450003
发行单位:黄河水利出版社
　　　　　发行部电话:0371-66026940、66020550、66028024、66022620(传真)
　　　　　E-mail:hhslcbs@ 126.com
承印单位:河南瑞之光印刷股份有限公司
开本:787 mm×1 092 mm　1/16
印张:9
字数:113 千字　　　　　　　　　　　　印数:1—1 000
版次:2020 年 1 月第 1 版　　　　　　　印次:2020 年 1 月第 1 次印刷

定价:45.00 元

前言

　　河湖是水资源的载体,是国土空间和生态系统的重要组成部分,具有重要的资源功能、生态功能和经济功能。党中央、国务院高度重视河湖管理保护工作。2016年10月,习近平总书记主持召开中央全面深化改革领导小组第二十八次会议,审议通过《关于全面推行河长制的意见》,对完善水治理体系、保障水安全进行重大制度创新,并把河湖管理保护纳入生态文明建设的重要内容,旨在推动解决复杂水问题、维护河湖的健康生命。2017年11月,为深入贯彻党的十九大精神,全面落实《中共中央办公厅、国务院办公厅印发〈关于全面推行河长制的意见〉的通知》要求,十九届中央全面深化改革领导小组第一次会议审核通过《关于在湖泊实施湖长制的指导意见》。

　　安徽省地处华东腹地,是长江经济带和淮河生态经济带的重要节点。2017年3月,省委办公厅、省政府办公厅印发《安徽省全面推行河长制工作方案》,5月底前省、市、县三级工作方案完成出台,省、市、县、乡于2017年9月底前全部出台河长制工作方案,建立了延伸到村的五级河长体系。2018年5月,省委办公厅、省政府办公厅印发《关于在湖泊实施湖长制的意见》,6月底前省、市、县三级湖长制实施意见全部出台,9月底前,有湖泊的14个市、82个县区和368个乡镇全面出台湖长制实施意见,建立了延伸到村的五级湖长体系,部分水库也设置了湖长,提前完成了中央确定的工作目标。以党政领导负责制为核心的河湖长体系全面建立,覆盖全省河流湖泊及部分水库渠道。

《安徽省河湖长制知识百科》是服务河湖长履职,推动河湖长制任务落实的有力抓手。本书紧扣河湖长制工作任务,以河湖长履职为主线,以维护河湖健康生命为目标,抓住党政领导负责制这一关键,突出问题导向,以问答形式,介绍了河湖长制工作需要了解的基础知识。

全书分为政策篇、知水篇、治水篇、巡河篇、考核篇、案例篇和创新篇七篇。第一、二篇由陈宏伟、王晓敏撰写,第三、四篇由顾雯撰写,第五、六篇由汪振宁撰写,第七篇由徐国敏撰写。

全书统稿与校对由顾雯、汪振宁及徐国敏共同完成,由储涛、赵以国、黄祚继统审。

鉴于本书涉及内容多、范围广、编者水平有限,书中难免存在不足之处,恳请各位读者斧正。

编写组
2019 年 7 月

# 目录

# 第一篇

## 政策篇

## 1.什么是河湖长制?

　　河长制是各地依据现行法律法规,坚持问题导向,落实地方党政领导河湖管理保护主体责任的一项制度创新。是由各级党政主要负责人担任"河长",负责组织领导相应河湖的管理和保护工作,通过构建责任明确、协调有序、监管严格、保护有力的河湖管理保护机制,为维护河湖健康生命、实现河湖功能永续利用提供制度保障。

　　湖长制是在河长制基础上及时和必要的补充,即由湖泊最高层级的湖长担任第一责任人,对湖泊的管理保护负总责,其他各级湖长对湖泊在本辖区内的管理保护负直接责任,按职责分工组织实施湖泊管理保护工作。

## 2.河湖长制的主要任务有哪些?

中共中央办公厅、国务院办公厅《关于全面推行河长制的意见》中明确了河长制的 6 大任务,分别为:水资源保护、水域岸线管理保护、水污染防治、水环境治理、水生态修复和执法监管。

中共中央办公厅、国务院办公厅《关于在湖泊实施湖长制的指导意见》中明确了湖长制的 6 大任务,分别为:水域空间管控、岸线管理保护、水资源保护和水污染防治、水环境综合整治、生态治理与修复和执法监管机制。

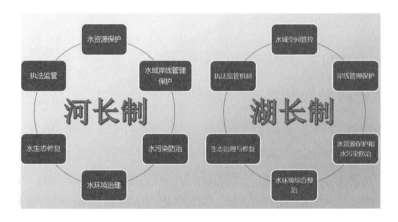

## 3.河湖长制的起源是什么?

河长制由江苏省无锡市首创。2007 年 5 月,太湖蓝藻水华事件暴发以后,无锡市探索实行了以水质达标为主要目标的河长制。2007 年 8 月,无锡市委办公室和无锡市人民政府办公室印发了《无锡市河(湖、库、荡、汊)断面水质控制目标及考核办法(试行)》,将河流断面水质检测结果"纳入各市(县)、区党政主要负责人政绩考核内容",这份文件的出台让无锡市成为全国第一个明确试行属地行政首长负责制的河长制城市。无锡市实施河长制取得初步成效后,2008 年 6 月,江苏省政府办公厅印发了《关于在太湖主要入湖河流实行双河长制的通知》,决定在太湖流域推广无锡河长制,由省政府领导、省太湖水污染防治委员会部分成员和有关厅局负责同志担任省级层面河长,地方层面河长由河流流经的各市、县(市、区)人民政府主要负责同志担任。2012年9月,在总结多年来河长制工作经验的基础上,江苏省政府又出台了《关于加强全省河道管理"河长制"工作的意见》,在全省范围内推行以保障河道防洪安全、供水安全、生态安全为重点的河道管理河长制。2013~2016年,北京、天津、江苏、浙江、安徽、福建、江西、海南等8省(直辖市)出台文件推行河长制,16个省(自治区、直辖市)的部分市县或流域水系实行了河长制。随着各地的探索不断深入,全面推行河长制的时机已经成熟。2016年11月28日,中共中央办公厅、国务院办公厅印发《关于全面推行河长制的意见》,在全国范围内全面推行河长制。

因湖泊的重要意义及特殊性,为进一步加强湖泊管理保护工作,中共中央办公厅、国务院办公厅印发《关于在湖泊实施湖长制的指导意见》,在湖泊实施湖长制。

## 4.全面推行河湖长制的重要历程有哪些?

2016年11月28日,中国中共中央办公厅、国务院办公厅印发了《关于全面推行河长制的意见》,对全面推行河长制作出总体部署、提出明确要求。

2016年12月31日,习近平总书记在新年贺词中指出:每条河流要有"河长"了。

2017年12月26日,中共中央办公厅、国务院办公厅印发《关于在湖泊实施湖长制的指导意见》。

2018年1月12日,水利部印发了《河长制湖长制管理信息系统建设指导意见》和《河长制湖长制管理信息系统建设技术指南》。

2018年4月,水利部在安徽省合肥市召开全面推行河长制湖长制(南方片)经验交流会。

2018年7月17日,在北京举行的全面建立河长制新闻发布会上,水利部部长鄂竟平表示,截至 2018 年 6 月底,全国 31 个省(自治区、直辖市)已全面建立河长制,打通了河长制"最后一公里"。人民日报发表鄂竟平部长署名文章《推动河长制从全面建立到全面见效》。

2018 年 10 月 9 日,水利部印发《关于推动河长制从"有名"到"有实"的实施意见》,提出要聚焦管好"盆"和"水",集中开展"清四乱"行动,系统治理河湖新老水问题,向河湖管理顽疾宣战。

2018 年 12 月,水利部办公厅、生态环境部办公厅印发《全面推行河长制湖长制总结评估工作方案》,要求从"有名"和"有实"两个方面对各省份全面推行河长制湖长制情况进行总结评估,推动各地河长制湖长制工作从全面建立到全面见效,做到名实相符。

## 5.河长制法制化建设的进展如何?

2017 年 6 月 27 日,河长制写入修订发布的《中华人民共和国水污染防治法》,第五条指出:"省、市、县、乡建立河长制,分级分段组织领导本行政区域内江河、湖泊的水资源保护、水域岸线管理、水污染防治、水环境治理等工作。"

2017 年 7 月 28 日,《安徽省湖泊管理保护条例》发布,河长制写入第三十八条:"湖泊实行河长制管理。河长负责组织领导相应湖泊的管理和保护工作,建立湖泊管理和保护工作协调机制,协调解决管理和保护中的重大问题,落实湖泊管理和保护的目标、任务和责任。"截至目前,《贵州省水资源保护条例》《山西汾河流域生态修复与保护条例》《福建省水资源条例》《江苏省河道管理条例》《山东省水资源条例》《上海市水资源管理若干规定》《江西省湖泊保护条例》中均有涉及河长制的内容。

2017 年 7 月,《浙江省河长制规定》发布;2018 年 7 月,《黄山市河湖长制规定》正式施行;2019 年 2 月,《蚌埠市河湖长制规定》正式施行。

## 6.河湖长制组织构架是如何设计的?

（1）组织架构

根据《安徽省全面推行河长制工作方案》《关于在湖泊实施湖长制的意见》,我省建成省、市、县(市、区)、乡镇(街道)四级河湖长制体系,覆盖全省江河湖泊,并根据需要延伸到村级。省、市、县(市、区)设立本级总河长、副总河长,行政区域内各主要河湖设河长湖长,各河湖所在行政区域均分级分段设立河长湖长。省、市、县(市、区)根据实际,建立河长会议制度,河长会议参加人员由本级总河长、副总河长、河长湖长、相关负责同志、成员单位主要负责同志组成,贯彻落实党中央、国务院及省委、省政府的决策部署,协调解决河湖管理保护中的重点难点问题。设立省、市、县(市、区)河长制办公室,本级水利部门主要负责同志或政府相关负责同志任办公室主任,环保部门明确1名负责同志任第一副主任,水利部门分管负责同志任副主任,河长会议成员单位联络员为河长制办公室成员。

（2）组织体系

省级设立总河长,由省委、省政府主要负责同志担任;设立副总河长,由省委常委、常务副省长担任。

省境内长江干流、淮河干流、新安江干流设立省级河长,省内重要湖泊巢湖,跨省重要湖泊长江流域龙感湖、石臼湖,淮河流域高邮湖,跨市级行政区域湖泊长江流域菜子湖、枫沙湖,淮河流域高塘湖、焦岗湖、天河设立省级湖长,分别由省级负责同志担任。省级河长湖长由相关省直部门或相关单位协助开展河湖长制相关工作。

各市、县(市、区)设立本级总河长、副总河长,由同级党委、政府主要负责同志担任;行政区域内各主要河湖设河长,由本级负责同志担任;各河湖所在市、县(市、区)、乡镇(街道)均分级分段设立河长,由同级负责同志担任。各地可根据实际情况将河长延伸到村级组织。市级行政区域内跨县级行政区域的湖泊,设立市级湖长,由市级负责同志担任湖长;湖长所在地的县、乡分级分区设立湖长,分别由同级负责同志担任。

## 7.河湖长的工作职责有哪些?

(1)河湖长工作职责总体要求

根据中共中央办公厅、国务院办公厅印发的《关于全面推行河长制的意见》,各级河长负责组织领导相应河湖的管理和保护工作,包括水资源保护、水域岸线管理、水污染防治、水环境治理等,牵头组织对侵占河道、围垦湖泊、超标排污、非法采砂、破坏航道、电毒炸鱼等突出问题依法进行清理整治,协调解决重大问题;对跨行政区域的河湖明晰管理责任,协调上下游、左右岸实行联防联控;对相关部门和下一级河长履职情况进行督导,对目标任务完成情况进行考核,强化激励问责。

《安徽省全面推行河长制工作方案》中明确:总河长、副总河长负责领导、组织本行政区域河湖管理保护工作,承担推行河长制的总督导、总调度职责。河长负责组织领导相应河湖的水资源保护、水域岸线管理、水污染防治、水环境治理、水生态修复、执法监管等工作,协调解决河湖管理保护重大问题;牵头组织对河湖管理范围内突出问题进行依法整治;对跨行政区域的河湖明晰管理责任,协调上下游、左右岸实行联防联控;检查、监督下一级河长和相关部门履行职责情况,对目标任务完成情况进行考核,强化激励问责。

根据中共中央办公厅、国务院办公厅印发的《关于在湖泊实施湖长制的指导意见》及《安徽省关于在湖泊实施湖长制的意见》，湖泊最高层级的湖长是第一责任人，对湖泊的管理保护负总责，统筹协调湖泊与入湖河流的管理保护工作，确定湖泊管理保护的目标任务，组织制定"一湖一策"方案，明确各级湖长职责，协调解决湖泊管理保护中的重大问题，依法组织整治围垦湖泊、侵占水域、超标排污、违法养殖、非法采砂等突出问题。其他各级湖长对湖泊在本辖区内的管理保护负直接责任，按职责分工组织实施湖泊管理保护工作。

（2）各级河湖长工作职责

**省级河湖长工作职责**。负责组织领导水资源保护、水域岸线管护、水污染防治、水环境治理、水生态修复、执法监管等工作，协调解决管理保护重大问题，对支流河口实施督查；牵头组织协调本级河长会议成员单位，督促督查下级河长开展工作，对管理范围内突出问题进行依法整治；对跨行政区域的河湖明晰管理责任，协调干流上下游、左右岸实行联防联控；组织省级河长专题会议；检查、监督市级河长和省直相关部门履行职责情况，对各市目标任务完成情况进行考核，强化激励问责。

**市级河湖长工作职责**。负责组织落实各市行政区内河湖管理范围水资源保护、水域岸线管护、水污染防治、水环境治理、水生态修复、执法监管等工作；督促督查下级河长开展工作，牵头组织协调本级河长会议成员单位，研究制定相关制度，制定本级"一河（湖）一策"实施方案，解决管理保护重大问题，协调上下游、左右岸，实行联防联控；检查、监督县级河长和市级河长会议成员单位履行职责情况，对县级河长的目标任务完成情况进行考核，强化激励问责。

**县级河湖长工作职责**。负责组织领导各县（区）行政区内河湖管理范围水资源保护、水域岸线管护、水污染防治、水环境治理、水生态修复、执法监管等工作；督促督查下级河长开展工作，牵头组织协调本级河长会议成员单位,制定本级"一河(湖)一策"实施方案,解决管理保护重大问题,协调上下游、左右岸,实行联防联控;检查、监督乡镇级河长和相关部门履行职责情况,对目标任务完成情况进行考核,强化激励问责,处理市级河长交办的相关工作。

**乡级河湖长工作职责。**乡级河长负责责任水域治理和保护具体任务的落实,对责任水域进行日常巡查,及时处理发现的问题,劝阻相关违法行为,对在本级难以解决或者劝阻无效的,报告县级河长、河长办协调处理。

**村级河湖长工作职责。**村级河长负责责任水域日常巡查,督促落实责任水域日常保洁,及时处理发现的问题,劝阻相关违法行为,对难以解决或者劝阻无效的报告乡级河长。

## 8.河湖长会议的职责有哪些?

贯彻落实党中央、国务院及省委、省政府的决策部署,协调解决河湖管理保护、推行河湖长制中的重点难点问题、重大事项。研究制定河湖长制相关制度和办法。组织协调有关综合规划和专业规划的制定、衔接与实施。组织开展综合考核工作。协调处理部门之间、地区之间有关河湖管理保护的重大争议。

## 9.河长会议成员单位的职责有哪些?

省级河长会议成员单位落实省级总河长、河湖长交办事项,配合省河长办落实河湖长制工作任务。省级河长会议成员单位的职责如下:

**省发展和改革委:**负责协调推进河湖保护有关重大项目,组织落实国家关于河湖保护相关产业政策,协调河湖管理保护有关规划的衔接。

**省教育厅:**负责指导各地组织开展中小学生河湖保护管理教育活动。

**省经济和信息化厅:**负责指导工业企业污染控制和工业节水,规范河湖管理范围内船舶工业发展,依据国家船舶行业标准规范河湖管理范围内修、造船企业生产活动,协调新型工业化与河湖管理保护有关问题。

**省财政厅:**负责落实省级河长制工作经费,协调河湖管理保护所需资金,监督资金使用。

**省自然资源厅:**负责矿山地质环境恢复治理工作,负责水资源调查和确权登记管理工作,负责协调河湖治理项目用地保障,组织、指导、监督河湖水域岸线等河湖自然资源统一确权登记,配合河湖管理保护范围划界相关工作。

**省生态环境厅:**负责水污染防治的统一监督指导,会同有关部门编制并监督实施省重点流域、流域生态环境规划和水功能区划,监督管理饮用水水源地生态环境保护工作,指导入河排污口设置,制定严格的入河湖排污标准,开展入河污染源的调查执法和达标排放监管,组织指导农村生态环境保护,监督指导农业面源污染治理工作,组织河湖水质监测,开展河湖水环境质量评估,依法查处非法排污,水污染突发事件应急监测与处置。

**省住房和城乡建设厅:**指导城市黑臭水体整治工作,督促指导城市(县城)生活污水处理及城乡生活垃圾治理等基础设施建设与监管工作。

**省交通运输厅:**负责监管和推进航道整治,水上运输及船舶、港口、码头污染防治,组织对破坏航道行为依法进行清理整治。

**省农业农村厅:**负责监管水产养殖污染防治工作,推进农作物秸秆综合利用,组织开展增殖放流,推进农田废弃物综合利用,依法查处非法捕捞、非法养殖、电毒炸鱼等破坏渔业资源的行为。

**省水利厅:**负责河湖水资源管理保护、水文水质监测,推进节水型社会和水生态文明建设,负责河湖管理范围内建设项目管理、河道采砂管理、水土流失预防与治理,组织对侵占河道、围垦湖泊清理整治,依法查处河湖管理范围内水事违法行为。

省卫生健康委：负责指导饮用水卫生监测。

省应急厅：协助有关省级湖长召开省级河长会议、开展巡河调研,跟踪督办省级湖长交办事项。

省市场监管局：负责依法组织查处河湖管理范围及沿线无照经营活动,规范市场经营行为。

省林业局：负责推进生态公益林和水源涵养林建设,推进河湖沿岸绿化和湿地管理保护工作,依法查处破坏森林、湿地、湿地类型自然保护区行为。

## 10.河长制办公室的职责有哪些?

各级河长办是河湖长制的具体办事机构,负责协调落实河湖长及相关部门履职,承担河长制组织实施具体工作;负责办理河长会议的日常事务,落实总河长、副总河长、河长确定的事项;负责拟定河长制管理制度和考核办法,监督、协调各项任务落实,组织实施考核等工作。

## 11.水行政主管部门的职责有哪些?

水行政主管部门是河湖的主管机关,是河湖管理保护的责任单位,负责建立河湖巡查、保洁、监管、执法等日常管理制度,其他部门按照职责分工,各司其职。

## 12.管理单位的职责有哪些?

管理单位负责做好河湖巡查、保洁和工程管护等工作,没有管理单位河湖要落实管理责任主体,管理单位应确保每个河湖有巡河员、保洁员。

## 13.实施河湖长制的总体目标是什么?

《安徽省全面推行河长制工作方案》中规定安徽省河长制工作目标如下。

2017年12月底前,建成省、市、县(市、区)、乡镇(街道)四级河长制体系,覆盖全省江河湖泊。

到 2020 年,水资源得到有效保护,取排水管理更加规范严格,河湖管理范围明确,水域岸线利用合理,水环境质量不断改善,水生态持续向好,水事违法现象得到有效遏制,保持现状河湖水域不萎缩、功能不衰减、生态不退化;全省用水总量控制在 270.84 亿立方米以内,万元 GDP、万元工业增加值用水量分别比 2015 年下降 28%、21%;全省水功能区水质达标率 80% 以上,长江流域水质优良断面比例达 83.3%,淮河流域达 57.5%,新安江流域水质保持优良,巢湖全湖维持轻度富营养状态并有所好转,确保城市建成区黑臭水体总体得到消除。

到 2030 年,全省河湖管理保护法规制度体系、规划体系健全完善,河湖管理范围内水事活动依法有序,水资源、水环境质量显著提升,全省水功能区水质达标率 95% 以上,水生态得到有效恢复,逐步实现"河畅、水清、岸绿、景美"的河湖管理保护目标。

湖长制是全面推行河长制工作的重要组成部分,是河长制工作的细化和具体化。各地各有关部门要遵循湖泊的生态功能和特性,进一步构建责任明确、协调有序、监管严格、保护有力的湖泊管理保护机制,为改善湖泊生态环境、维护湖泊健康生命、实现湖泊功能永续利用提供有力保障。

## 14.河湖长制工作制度有哪些?

（1）基本工作制度

根据中央《关于全面推行河长制的意见》等相关文件精神,推行河湖长制基本工作制度有:河长会议制度、信息共享制度、信息报送制度、考核制度、激励制度、验收制度等。

**河长会议制度。**河长会议制度的主要任务是研究部署河长制工作,协调解决河湖管理保护中的重点、难点问题,包括河长会议的出席人员、议事范围、决议实施形式等内容。

**信息共享制度。**信息共享制度包括信息公开、信息通报、信息共享等内容。信息公开,主要任务是向社会公开河长名单、河长职责、河湖管理保护情况等,应明确公开的内容、方式、频次等;信息通报应明确通报的范围、形式、整改要求等;信息共享,主要任务是对河湖水域岸线、水资源、水质、水生态等各方面的信息进行共享,应对信息共享的实现途径、范围、流程等做出规定。

**信息报送制度。**明确河长制工作信息报送的主体、程序、范围、频次以及信息的主要内容、审核要求等。

**考核制度。**考核制度包括考核主体、考核对象、考核程序、考核结果应用等。

**激励制度。**激励制度的主要任务是对在河长制工作中考核优秀或取得突出成绩的先进集体、河长、个人等进行奖励,包括奖励的条件、方式、标准、程序等。

**验收制度。**验收制度的主要任务是按时间节点对河长制的建立情况进行验收,包括验收主体、方式、程序、整改落实等。

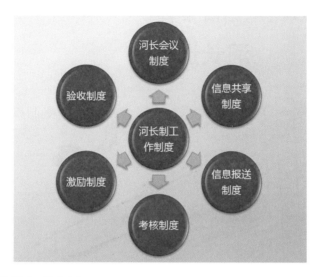

（2）其他相关制度

河湖长制其他相关制度包括河长巡查制度、工作督办制度、联席会议制度、重大问题报告制度、部门联合执法制度、投诉举报受理处置制度等。

**河长巡查制度。**明确各级河长定期巡查河湖的要求,确定巡查频次、巡查内容、巡查记录、问题发现、处理方式、监督整改等。

**工作督办制度。**明确对河长制工作中的重大事项、重点任务及群众举报、投诉的焦点、热点问题等进行督办的主体、对象、方式、程序、时限以及督办结果通报等。

**联席会议制度。**强化部门间的沟通协调,明确联席会议制度的主要职责、组成部门、召集人、部门分工、议事形式、责任主体、部门联动方式等。

**重大问题报告制度。**就河长制工作中的重大问题进行报告,明确向总河长、河长报告的事项范围、流程、方式等。

**部门联合执法制度。**明确部门联合执法的范围、主要内容、牵头部门、责任主体、执法方式、执法结果通报和处置等。

**投诉举报受理处置制度。**公布举报方式、受理范围、受理时限、受理程序、受理过程、受理结果等。

# 河长巡查

（3）创新工作制度

鼓励地市自创适合当地的制度，如河湖警长制、协助单位工作推进制、责任追究制、入河排污口"排长"制等。

**河湖警长制。** 黄山市全面建立河道、湖泊（库）警长制，要求根据河长制体系配套建立市、县（区）、乡镇（街道办事处）、村四级警长制体系，覆盖全市所有河流、湖泊（库），助推河长制工作不断向纵深发展。警长制要求全市公安机关要在河湖长的统一领导指挥下，认真履职，全力为黄山市的生态环境治理保驾护航，确保服务发展"叫得响、用得上、能保障"。各警长要认真落实河、湖（库）的工作部署，做好辖区河流、湖泊（库）的保护工作。定期向河湖长报告公安机关的相关工作情况，为河湖长当好参谋助手。

**协助单位工作推进制。** 安庆市依据河长制前期工作实践经验，制定市级河长协助单位工作推进办法，明确联席会议制度、工作推进要求、工作推进措施等内容，进一步明确协助单位的河湖长制工作职责。

**责任追究制。** 安庆市委办、市政府办印发《安庆市河长制、湖长制工作责任追究暂行办法》,对问责原则、实施主体、适用范围等内容进行了界定。对责任追究种类与情形进行规定,责任追究种类为三类,分别为行政问责、党纪政务处分、移送司法机关追究法律责任;责任追究情形分为六种。该办法的出炉,初步完成了具有安庆特色的河湖长制工作制度体系建设。

入河排污口"排长"制。合肥市河长办发布的《关于建立入河排污口排长制度的通知》中明确,要建立乡镇(街道)级"排长"组织体系;各入河排污口所在乡镇(街道)设立排长,由本级负责同志担任。排长在排污口所属县级河长、乡级总河长领导下开展排污口整治工作。

# 15.河湖长制相关法律法规有哪些?

(1)《中华人民共和国水法》;

(2)《中华人民共和国环境保护法》;

(3)《中华人民共和国防洪法》;

(4)《中华人民共和国土地管理法》;

(5)《中华人民共和国水污染防治法》;

(6)《中华人民共和国城市规划法》;

(7)《中华人民共和国自然保护区条例》;

(8)《中华人民共和国河道管理条例》;

(9)《巢湖流域水污染防治条例》;

(10)《安徽省水工程管理和保护条例》;

(11)《安徽省湖泊管理保护条例》;

(12)《安徽省城镇生活饮用水水源环境保护条例》;

(13)《安徽省饮用水水源环境保护条例》;

(14)《安徽省淮河流域水污染防治条例》;

(15)《安徽省淠史杭灌区管理条例》等。

## 16.河湖长制相关政策文件有哪些?

（1）水利部办公厅关于印发《河长制湖长制管理信息系统建设指导意见》《河长制湖长制管理信息系统建设技术指南》的通知（办建管〔2018〕10号）；

（2）水利部办公厅关于印发《"一河（湖）一档"建设指南（试行）》的通知（办建管函〔2018〕360号）；

（3）水利部《关于开展全国河湖"清四乱"专项行动的通知》（办建管〔2018〕130号）；

（4）水利部《关于推动河长制从"有名"到"有实"的实施意见》（水河湖〔2018〕243号）；

（5）水利部《关于明确全国河湖"清四乱"专项行动问题认定及清理整治标准的通知》（办河湖〔2018〕245号）；

（6）中共安徽省委、省政府《关于全面打造水清岸绿产业优美丽长江（安徽）经济带的实施意见》（皖发〔2018〕21号）；

（7）中共安徽省委、省政府《关于全面加强生态环境保护坚决打好污染防治攻坚战的实施意见》（皖发〔2018〕23号）；

（8）中共安徽省委、省政府关于印发《安徽省生态区域违法建设问题排查整治专项行动实施方案》（皖办发〔2018〕43号）；

（9）中共安徽省委、省政府关于印发《长江安徽段生态环境大保护大治理大修复强化生态优先绿色发展理念落实专项攻坚行动方案》的通知（厅〔2019〕27号）；

（10）安徽省环境保护委员会办公室《关于印发生态区域违法建设问题整治标准的通知》（安环委办〔2018〕78号）；

（11）安徽省水利厅关于印发《全面打造水清岸绿产业优美丽长江（安徽）经济带长江干流安徽段岸线管护工作实施方案》的通知（皖水管函〔2018〕1273号）；

（12）安徽省水利厅《关于做好湖泊河道违法建设问题排查工作的通知》（皖水管函〔2018〕1549号）；

（13）安徽省水利厅《关于明确河湖"清四乱"专项行动问题认定及清理整治标准的通知》（安水管函〔2018〕1804号）；

（14）安徽省水利厅关于印发《省水利厅贯彻落实"三大一强"专项攻坚行动工作方案》的通知（皖水河长函〔2019〕381号）等。

## 17.什么是"有名"到"有实"？

中共中央办公厅、国务院办公厅印发《关于全面推行河长制的意见》以来，各地各有关部门狠抓落实，截至2018年6月底，全国31个省（自治区、直辖市）全面建立河长制，每条河流都有了河长。全面推行河长制已进入新阶段，为推动河长制尽快从"有名"向"有实"转变，从全面建立到全面见效，实现名实相副，水利部印发了《关于推动河长制从"有名"到"有实"的实施意见》。

"有名"包括河（湖）长组织体系建设、河湖管护制度及机制建设等。河（湖）长组织体系建设主要包括总河长、各级河（湖）长设立等；河湖管护制度及机制建设主要包括六项制度、部门协作机制、资金投入机制、公众参与机制等。

"有实"包括河（湖）长履职、工作组织推进、河湖管理保护及成效等。河（湖）长履职主要包括按要求巡河（湖）、发现问题及时督办、对下级河（湖）长考核、组织召开河（湖）长会议、协调解决重大问题等；工作组织推进主要包括督查下级河（湖）长制工作并推进整改落实、制定考核方案并开展考核验收、编制印发"一河（湖）一策""一河（湖）一档"、宣传报道及组织培训等；河湖管理保护及成效主要包括河湖水质及饮用水水源水质达标、城市黑臭水体整治、河湖水域岸线"清四乱"、河湖管理范围划定、河湖生态综合治理修复等。

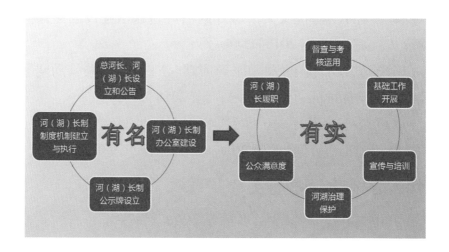

## 18.“管好盛水的‘盆’”指什么?

按照水利部的统一安排,用 1 年左右时间,集中开展全国河湖“清四乱”专项行动,做好调查摸底、集中整治、巩固提升等各阶段工作,建立“四乱”问题台账,发现一处、清理一处、销号一处,2019 年 7 月底前全面完成专项行动任务,坚决清除存量。在此基础上,再用半年左右时间进行“回头看”,力争 2019 年底前还河湖一个干净、整洁的空间。

(1)清“乱占”

乱占是指围垦湖泊,未依法经省级以上人民政府批准围垦河道,非法侵占水域、滩地,种植阻碍行洪的林木及高秆作物等行为。清理乱占行为的标准是:对于围湖造地、围湖造田的,要按照国家规定的防洪标准有计划地退地还湖、退田还湖,将违法建设的土堤、矮围等清除至原状高程,拆除地面建筑物、构筑物,取缔相关非法经济活动;对于非法围垦河道的,要限期拆除违法占用河道滩地建设的围堤、护岸、阻水道路、拦河坝等,铲平抬高的滩地,恢复河道原状;对于河湖管理范围内违法挖筑的鱼塘、设置的拦河渔具、种植的碍洪林木及高秆作物,应及时清除,恢复河道行洪能力。

(2)清"乱采"

乱采是指在河湖管理范围内非法采砂、取土等活动。对乱采滥挖行为清理整治的标准是:各地始终保持高压严打态势,逐河段落实政府责任人、主管部门责任人和管理单位责任人,许可采区实行旁站式监理,砂场布局规范有序,大型采砂船大规模偷采绝迹,小型船只零星偷采露头就打。要盯紧、管好采砂业主、采砂船只和堆砂场,对非法采砂业主,依法依规处罚到位,情节严重、触犯刑律的,坚决移交司法机关追究刑事责任;对非法采砂船只,坚决清理上岸,落实属地管理措施;对非法堆砂场,按照河湖岸线保护要求进行清理整治。各地要依照水法要求,划定禁采区、规定禁采期,并向社会公告。对许可采区,要严禁超范围、超采量、超功率、超时间开采砂石。要研究非法采砂活动的规律性,针对非法采砂流动性、游荡性强的特点,集中力量打运动战、歼灭战,坚决遏制非法采砂势头,确保河湖采砂依法、有序、可控。

(3)清"乱堆"

乱堆是指河湖管理范围内乱扔乱堆垃圾,倾倒、填埋、贮存、堆放固体废物,弃置、堆放阻碍行洪的物体等现象。清理整治乱堆问题,各地首先要梳理提出本行政区域内存在固体废物堆放、贮存、倾倒、填埋隐患的敏感河段和重点水域,建立垃圾和固体废物点位清单;在此基础上制定工作方案,对照点位清单,逐个落实责任,限期完成清理,恢复河湖自然状态。对于涉及危险、有害废物需要鉴别的,要主动向地方人民政府、有关河长汇报,主动协调、及时提交有关部门进行鉴别分类。

(4)清"乱建"

乱建是指违法违规建设涉河项目,在河湖管理范围内修建阻碍行洪的建筑物、构筑物等问题。清理乱建的基本要求是:各地要对河湖管理范围内建设项目进行全面排查、分类整治,对1988年《河道管理条例》出台后、未经水行政主管部门审批或不按审查同意的位置和界限建设的涉河项目,应认定为违法建设项目,列入整治清单,分类予以拆除、取缔或整改;其中,位于自然保护区、饮用水水源保护区、风景名胜区内的违法建设项目,要严格按照有关法律法规要求进行清理整治。对涉河违法项目,能立即整改的,要立即整改到位;难以立即整改的,要提出整改方案,明确责任人和整改时间,限期整改到位。

"清四乱"是对各级河长的底线要求。各地要依据《水法》《防洪法》《河道管理条例》等法律法规规定和河长制工作相关要求,结合本地实际,制定本地区"清四乱"的具体标准。

## 19."护好'盆'中的水"指什么?

当前,我国新老水问题交织,水资源短缺、水生态损害、水环境污染问题十分突出,水旱灾害多发频发。河湖水系是水资源的重要载体,也是新老水问题表现最为集中的区域。各地要坚持问题导向,因河湖施策,明确防范"水多"、防治"水少"、整治"水脏"、减少"水浑"的具体标准和底线要求,全面清理影响行洪安全和水生态、水环境的各类经济活动,从根子上解决当地突出的水问题。

(1)防范"水多"

洪涝灾害频发始终是中华民族的心腹大患,而江河湖泊行洪调蓄能力减弱加剧了洪涝灾害的风险和损失。防范"水多"的基本要求,就是要确保常态下河湖水位不影响行蓄洪水;要组织实施河道防洪风险隐患和薄弱环节拉网式排查,摸清情况,消除隐患;要加强洪水监测预报,预留行洪空间;河流出现超警戒水位洪水时,要按照防御洪水方案做好防汛抗洪工作,保障人民生命安全。

(2)防治"水少"

"水少"问题主要表现在水资源过度开发利用,河湖生态保护目标不明,对生态需水考虑不够,生态流量管控措施不严,导致水域面积缩小,河道断流、湖泊干涸和地下水水位下降,河湖生态功能下降丧失。防治"水少"的基本要求是:合理确定河流主要控制断面生态水量(流量),提出湖泊、水库、地下水体水位控制要求,强化水资源配置,把用水指标落实到每条河流、每个区域,科学调度江河湖库水量,加强河湖生态流量(水量)保障情况监督管理。严格河湖取用水管理,加强水资源论证,强化水资源消耗总量和强度指标控制,对达到和超过取用水总量控制指标的地区,实施取水许可区域限批。做好华北地下水超采区综合治理,坚决遏制地下水过度开采,落实南水北调东中线一期工程受水区地下水压采要求,开展河湖地下水回补试点,加强地下水监测预警,防止出现新的地下水超采区。

(3)整治"水脏"

"水脏"问题主要表现在水质恶化、水体黑臭、水污染严重,成为经济社会发展的瓶颈制约。整治"水脏",要明确河流主要控制断面水质目标和水功能区水质目标。各地要在河长的统一领导下,以河长制为平台,加强部门分工合作,河长办要提请河长督促相关部门按职责分工做好相关工作,严格落实河湖水域纳污容量、限制排污总量和污染物达标排放要求,继续下大力整治黑臭河、垃圾河,集中力量剿灭劣Ⅴ类水体。要大力推行雨污分流,推进入河排污口规范整治,统筹治理工矿企业污染、城镇生活污染、畜禽养殖污染、水产养殖污染、农业面源污染、船舶港口污染,强化污染源源头严控、过程严管。要统筹山水林田湖草等生态要素,加大江河源头区、水源涵养区、生态敏感区保护力度,因地制宜实施江河湖库水系连通,促进水体流动和水量交换,恢复增加水体自净能力。

(4)减少"水浑"

"水浑"问题主要是水土流失和生态退化趋势没有根本性改变。减少"水浑",关键是要做好水土流失防治和水生态治理保护工作。要实施长江水库群联合调度,强化黄河调水调沙,开展不同水沙条件下河道冲淤特性研究和崩岸监测治理,减少泥沙对河床河势的影响,维护河势和岸线总体稳定。要推进坡耕地综合整治,加强东北黑土侵蚀沟治理和黄土高原塬面保护,强化长江黄河上中游、西南石漠化等重点区域水土流失治理,加快水土流失治理速度,有效减少入河湖泥沙总量。要将生产建设活动造成的人为水土流失作为监管的重点,及时精准发现人为水土流失违法违规行为,严格责任追究处罚,严控人为水土流失增量。

## 20.什么是河湖"清四乱"?

为推动河湖长制工作取得实效,进一步加强河湖管理保护,维护河湖健康生命,水利部印发《关于开展全国河湖"清四乱"专项行动的通知》,定于自2018年7月20日起,用1年时间,在全国范围内对乱占、乱采、乱堆、乱建等河湖管理保护的突出问题开展专项清理整治行动,简称"清四乱"专项行动。

乱占主要包括:围垦湖泊;未依法经省级以上人民政府批准围垦河道;非法侵占水域、滩地;种植阻碍行洪的林木及高秆作物。

乱采主要包括:河湖非法采砂、取土。

乱堆主要包括:河湖管理范围内乱扔乱堆垃圾;倾倒、填埋、贮存、堆放固体废物;弃置、堆放阻碍行洪的物体。

乱建主要包括:河湖水域岸线长期占而不用、多占少用、乱占滥用;违法违规建设涉河项目;河道管理范围内修建阻碍行洪的建筑物、构筑物。

地方各级水行政主管部门在当地人民政府领导下,在河长、湖长组织下,牵头负责本行政区域"清四乱"专项行动的具体实施,协调有关部门分工协作、共同推进,确保专项行动达到预期效果。中央直管河湖"清四乱"专项行动纳入属地职责范围,流域管理机构要主动配合。专项行动期间,水利部将组织开展巡查暗访、重点抽查、专项督查,省级水行政主管部门和河长制办公室要加强对市、县的督促检查。

## 21.什么是长江经济带"三道防线"？

根据中共安徽省委、省政府《关于全面打造水清岸绿产业优美丽长江(安徽)经济带的实施意见》，要着力构筑长江经济带沿江1公里、5公里、15公里"三道防线"。

沿江1公里范围内做到"五个达标"。长江干流及主要支流国家考核断面水质全面实现达标，优良比例达100%。长江干流40个水功能区水质全部稳定达标，水质达标率100%，湿地全面保护。沿江5市细颗粒物(PM2.5)指标国家考核要求全面达标，年均浓度较2017年下降10%。应绿尽绿全面达标，宜林地段绿化率达100%。不符合环保和安全要求的重化工、重污染企业，全部依法搬迁实现达标。

沿江5公里范围内做到"五个一律"。畜禽养殖和"三网"水产养殖一律整改到位，实现达标排放。25°以上坡耕地一律依法依规退耕还林还草，实现植被全覆盖。在建重化工项目一律对标评估，环保和安全不能达标的全部暂停建设，依法依规整改或搬迁。现有重化工企业一律实施提标改造，达不到最新环保和安全要求的，依法依规搬迁或转型。"散乱污"企业一律依法依规处置，坚决关停取缔一批、整改提升一批、搬迁入园一批。

沿江15公里范围内做到"五个合规"。现有污水处理厂出水水质全面合规，全部达到一级A排放标准。城市水体治理全面合规，透明度、溶解氧、氧化还原电位、氨氮等指标和周边群众满意度达到国家规定要求。规模畜禽养殖场污处理设施装配排放合规，粪污处理设施装配率达100%，畜禽粪污综合利用率达85%。新建项目全部合规，环保和安全达标，工艺技术和装备水平行业先进，产品处于产业链、价值链中高端。工业园区优化整合全面合规，不合规的园区全部整治清理，打造主业突出、特色鲜明、竞争力强、绿色发展的产业集聚区。

## 22.打造水清岸绿产业优美丽长江（安徽）经济带有哪些重点举措？

坚持把山水林田湖草作为一个生命共同体，从生态系统整体性和长江流域系统性出发，按照《中共中央、国务院关于全面加强生态环境保护坚决打好污染防治攻坚战的意见》，重点开展"禁新建、减存量、关污源、进园区、建新绿、纳统管、强机制"七大行动，加快推进长江（安徽）经济带绿化美化生态化。

（1）开展"禁新建"行动

**严禁1公里范围内新建项目**。2018年7月起，长江干流及主要支流岸线1公里范围内，除必须实施的防洪护岸、河道治理、供水、航道整治、港口码头及集疏运通道、道路及跨江桥隧、公共管理、生态环境治理、国家重要基础设施等事关公共安全和公众利益建设项目，以及长江岸线规划确定的城市建设区内非工业项目外，不得新批建设项目，不得布局新的工业园区。已批未开工的项目，依法停止建设，支持重新选址。已经开工建设的项目，严格进行检查评估，不符合岸线规划和环保、安全要求的，全部依法依规停建搬迁。

**严控 5 公里范围内新建项目。**长江干流岸线 5 公里范围内,全面落实长江岸线功能定位要求,实施严格的化工项目市场准入制度,除提升安全、环保、节能水平,以及质量升级、结构调整的改扩建项目外,严格控制新建石油化工和煤化工等重化工、重污染项目。严禁新建布局重化工园区。合规化工园区内,严禁新批环境基础设施不完善或长期不能稳定运行的企业新建和扩建化工项目。

**严管 15 公里范围内新建项目。**长江干流岸线 15 公里范围内,严把各类项目准入门槛,严格执行环境保护标准,把主要污染物和重点重金属排放总量控制目标作为新(改、扩)建项目环评审批的前置条件,禁止建设没有环境容量和减排总量的项目。在岸线开发、河段利用、区域活动和产业发展等方面,全面执行国家长江经济带市场准入禁止限制目录。实施备案、环评、安评、能评等并联审批,未落实生态环保、安全生产、能源节约要求的,一律不得开工建设。

(2)开展“减存量”行动

**全面治理“散乱污”企业。**对不符合产业政策和规划布局、未办理相关审批手续、不能稳定达标排放以及存在其他违法违规行为的企业,分类实施关停取缔、整合搬迁、整改提升等措施,强化综合执法,2018 年底前完成,长江干流岸线 1 公里范围内做到关闭企业场地人清、设备清、垃圾清、土地清。强化清单式、台账式、网格化管理,实行常态化巡查,完善信息公开制度,畅通线索收集渠道,早发现、早处置,2020 年前每年组织开展“回头看”督查,巩固集中整治成果。

**坚决淘汰关停落后产能。**以钢铁、水泥、平板玻璃等国家确定的行业为重点,综合运用法治、经济、科技和必要的行政手段,严格常态化执法和强制性标准实施,促使一批能耗、环保、安全、技术不达标和生产不合格产品或淘汰类产能的企业,依法依规关停退出。鼓励企业通过主动压减、兼并重组、转型转产、搬迁改造、国际产能合作等途径,退出过剩产能。

**严格控制污染物排放**。加强重点行业脱硫、脱硝、除尘设施运行监管,鼓励企业通过技术改造实现超低排放。推广多污染物协同控制技术,2020 年底前全面完成重点企业、重点行业及化工园区挥发性有机物(VOCs)的综合整治,各类工业企业废气污染源稳定达标排放。严格实施能源消耗总量和强度"双控"制度,强化煤炭消费减量替代,推进燃煤锅炉淘汰和整治,2018 年底前市建成区 35 蒸吨/小时以下燃煤锅炉淘汰 50% 左右,2019 年底前全部淘汰。继续抓好农作物秸秆全面禁烧,大力推进秸秆综合利用,2020 年底前秸秆综合利用率达到 90%。加快建立覆盖所有固定污染源的企业排放许可制度,执行相应行业污染物排放特别限值标准,加快核发固定污染源排污许可证,2020 年底前全部完成。

(3)开展"关污源"行动

**管住船舶港口污染**。大力实施航运污染综合整治工程,依法严厉打击偷排偷放污水垃圾、直排洗舱水以及非法接收转移船舶废油等行为。强化船舶和港口污染防治,现有船舶到 2020 年全部完成达标改造,港口、船舶修造厂环卫设施、污水处理设施纳入城市设施建设规划。按照长江沿线每港必建、每 50 公里不少于一座的要求,加快建设船舶和港口污水垃圾接收处理设施,2020 年底前全部建成并全部纳入市政系统,实现水上陆上无缝衔接。2018 年底前取消现场船舶垃圾接收收费环节,通过市场化手段确定统一的、具有收集处理能力的企业负责船舶污水垃圾接收;推行运输船舶污染物接收、转运、处置一体化监管,建立并完善监管联单制度。推进船舶使用液化天然气(LNG)等清洁燃料,加强码头岸电设施建设和油气回收。

**管住入河排污口**。深入开展长江入河排污口整治提升专项行动,强化省级统一管理和属地管理责任。排查整治入河入湖排污口及不达标水体,相关市、县级政府制定实施不达标水体限期达标规划。严格控制新设入河排污口及其污染物排放量,对各市入河排污口实施总量控制、增减挂钩。实施入河污染源排放、排污口排放和水体水质联动管理。加快长江入河排污口规范化建设,设立明显标志牌,推进入河排污口在线监测设施建设。2018 年底,规模以上入河排污口整改任务、规范化建设全面完成,监督性监测实现全覆盖;县级及以上城市饮用水水源一级和二级保护区内的规模以下排污口全部迁建、拆除或关闭。2020 年底前,规模以下入河排污口全部整改到位,沿江入河排污口规范化建设全面完成,入河排污口监测实现全覆盖。

**管住城镇污水垃圾。**打好黑臭水体治理攻坚战,协调推进城乡黑臭水体治理和水生态修复。全面推进现有污水处理厂提标扩容改造,加快城镇污水处理设施和配套管网建设,切实提升污水处理能力。推进雨污分流,重点加强老旧小区、城中村和城乡结合部的雨污分流改造。加快推进垃圾分类处理,加强城镇垃圾接收、转运及处理处置设施建设,提高生活垃圾处理减量化、资源化和无害化水平。2018 年底前,沿江 5 市建成区黑臭水体消除比例达 80%,农村黑臭水体完成排查摸底并启动治理。2020 年底前,市建成区黑臭水体总体消除,县城建成区黑臭水体治理持续推进,农村黑臭水体治理全面推进,城市黑臭水体治理长效机制全面建立;沿江城镇实现污水全收集全处理,市、县建成区生活垃圾无害化处理率分别达到 99% 和 98%。

**管住农村面源污染。**严格制定落实禁养区和限养区制度,2018 年底前,长江干流岸线 5 公里范围内,畜禽养殖场(小区、专业户)、"三网"水产养殖设施全部整改达标,整改后仍达不到环保要求的,依法依规关闭拆除,并不再新建、扩建畜禽养殖场(小区、专业户);长江干流岸线 15 公里范围内,加强标准化、循环化改造,积极引导散养户向养殖小区集中。开展化肥、农药减量和替代使用,加大测土配方施肥推广力度,长江干流及主要支流岸线 1 公里范围内,严格限制施用化肥、全面施用低毒低风险农药,并确保年使用量负增长,每年安排 20% 左右耕地季节休耕;长江干流岸线 5 公里范围内,确保化肥、化学农药年使用量负增长;长江干流岸线 15 公里范围内,确保化肥年使用量零增长、化学农药年使用量负增长。一体化推进农村厕所、垃圾、污水专项整治"三大革命",2020 年底前完成农村自然村常住农户非卫生厕所改造,农村生活垃圾无害化处理率达到 75% 以上,实现所有乡镇政府驻地、美丽乡村中心村、重点流域周边、水源地重点地区及环境敏感区的村庄生活污水治理设施全覆盖。

**管住固体废物污染**。进一步开展长江(安徽)经济带固体废物大排查,全面调查、评估重点工业行业危险废物产生、贮存、利用、处置情况。完善危险废物经营许可、转移等管理制度,建立固体废物信息化监管平台,提升危险废物处理处置能力,实施全过程监管。严厉打击危险废物非法跨界转移、倾倒等违法犯罪活动,开展联合执法,强化线索摸排、案件侦办和溯源追查。加强重点水运航道、公路运输管理,加大对码头和运输船舶、车辆的现场勘查力度。开展"无废城市"试点,推动固体废物资源化利用。

(4)开展"进园区"行动

**搬迁企业进园区**。长江干流及主要支流岸线 1 公里范围内的企业,依法依规必须搬迁的,全部搬入合规园区,厂区边界距岸线应大于 1 公里。长江干流岸线 5 公里范围内的重化工企业,经评估认定,难以就地改造提标的,依法依规搬入合规园区。

**新建项目进园区**。长江干流及主要支流岸线 1 公里范围内的在建项目,应当搬迁的全部依法依规搬入合规园区。长江干流岸线 5 公里范围内的在建重化工项目,难以整改达标必须搬迁的,全部依法依规搬入合规园区。长江干流岸线 15 公里范围内,新建工业项目原则上全部进园区,其中化工项目进化工园区或主导产业为化工的开发区。

**加快开发区优化整合**。严格落实优化整合方案,推进绿色开发

28

区建设,严把增量准入关和存量治理关,抬高环境高风险企业准入门槛;强化开发区环境污染集中整治,加快环境基础设施建设,加强工业固废运转处理管控,2020 年底前完成达标改造。制定园区循环化改造方案,构建循环经济产业链,实现企业、产业间的循环链接,增强能源资源等物质流管理和环境管理精细化程度。推动开发区改革创新,开展法定机构试点,支持企业联合打造公共创新平台,促进开发区分工协作、产业集聚,调结构、优布局、强产业、全链条,打造特色产业园区。

**推动传统产业"四化"转型。** 加快传统产业智能化转型,推动新一代信息技术与传统产业融合发展,重点在食品、纺织、化工、机械、家电、汽车等传统优势领域发展智能装备和智能产品。加快传统产业绿色化转型,支持企业围绕重点污染物开展清洁生产技术改造,开发绿色产品,推行生态设计,显著提升产品节能环保低碳水平。加快传统产业服务化转型,引导和支持制造业企业通过技术创新、管理创新和商业模式创新,延伸服务链条。加快传统产业高端化转型,实施质量品牌升级工程,引导企业建立健全质量管理体系,积极培育创建品牌。

**打造具有核心竞争力的新兴产业集群。** 充分认识生态环境保护所蕴含的潜在需求和激发的新供给,积极培育新的经济增长点。加快"三重一创"建设,瞄准未来产业竞争制高点,将沿江 5 市打造成为长江经济带新兴产业集群分布密集、形态丰富、发展活跃的区域之一。安庆市聚焦工程塑料、合成橡胶、特种纤维、高性能复合材料等重点领域,打造化工新材料产业集群。池州市重点发展集成电路、分立器件、装备和材料、智慧应用 4 大领域,打造半导体产业集群。铜陵市重点推进铜产业转型升级,围绕产业链最完整、整体研发实力最强、产品种类最多、加工规模最大的目标,打造国际铜基新材料产业集群。芜湖市重点围绕机器人、新能源汽车、现代农业机械和通用航空产业,打造高端装备制造和智能制造产业集群。马鞍山市依托轨道交通装备、高端数控机床等产业优势,打造高端装备制造产业集群。

(5)开展"建新绿"行动

**大力推行生态复绿补绿增绿。**开展退化林修复,推进码头、废弃厂矿及堆积地、现有林地"天窗"、裸露地等生态复绿。加强森林抚育经营,对宜林荒地荒滩、村旁路旁等绿化空白区域,通过推广乡土树种造林;对已绿化的缺株断带、树种单一、防护功能较差的林带,进行补绿扩带、优化调整或更新改造。25°以上坡耕地,科学选择树种,有序推进退耕还林还草。加快长江防护林建设,大规模开展长江干流两岸绿化,山地第一条山脊内、平原堤防背水侧 100~150 米范围内适宜造林地全部植树造林,堤防临水侧按规定种植防护林,2020 年底前基本形成布局合理、结构优化、功能完善的长江(安徽)经济带绿色生态廊道。完善城市生态网络,划定永久性城市绿带,建设沿江国家森林城市群,支持芜湖、马鞍山市创建国家森林城市。

**强力推进长江水域岸线保护。**开展长江流域生态隐患和环境风险调查评估,制定生态环境修复和保护的整体预案和行动方案。全面落实河长制、湖长制、林长制,完善制度体系,严格督查考核。巩固治矿、治砂、治岸、治超、治污"五治"行动问题整改成果,2018年 9 月底前全部整改到位。深入开展尾矿库专项整治,推进绿色矿山建设。严格落实岸线规划分区管控,开展长江干流岸线保护和利用专项检查,控制工贸和港口企业无序占用岸线,依法依规整治违法违规占用行为,加快岸线生态修复,优化岸线资源利用。2018 年底前,制定印发长江干流岸线整改工作实施方案,对违法违规建设项目启动全面清理整治。2020 年底前,全面完成长江岸线清理整治,严格控制港口岸线利用规模,切实保护长江岸线资源。

**强化重点河湖湿地保护和修复。**加强集中连片、破碎化严重、功能退化的自然湿地修复和综合整治,通过退田还湖、退耕还湿、植被恢复、污染治理、水系连通、围网拆除、栖息地恢复、湿地有害生物防治和自然湿地岸线维护、生态移民等措施,优先修复生态功能严重退化的重要湿地,杜绝围垦和填埋湿地,因地制宜建设人工湿地水质净化工程。全面开展重点饮用水水源地安全保障达标建设。2018年底前,重点河湖湿地保护和恢复工程全面实施,依法划定饮用水水源保护区并定标立界。2020年底前,重点河湖湿地保护和恢复工程建设全面完成,建成嬉子湖、菜子湖、平天湖等一批湿地公园,集中式饮用水水源地保护区全部得到有效保护。

**加强生物多样性保护**。强化保护区内基础设施和能力建设,改善和修复水生生物生境以及越冬候鸟的越冬地和栖息地,落实水生生物保护区全面禁捕。以珍稀濒危水生生物为重点,加强牯牛降、升金湖、淡水豚、古井园等重点自然保护区建设,深入实施中华鲟、江豚拯救计划,大力保护扬子鳄、淡水豚等珍稀濒危野生动物栖息地,强化重要珍稀濒危物种的就地、迁地保护和人工繁育基地建设。2020年底前,长江水生物珍稀濒危物种得到有效保护。

（6）开展"纳统管"行动

**园区企业污水处理全覆盖**。园区工业污水和生活污水必须全部纳入统一污水管网,实行统一管理,不留死角。企业工业废水在排入园区污水处理厂之前,必须各自进行预处理,且达到园区污水处理厂统一纳管标准。加快园区污水集中处理设施和管网建设,尚未建设的,2018年底前全部开工建设,在建项目完工试运行。

**环保设备运行全覆盖**。重点排污单位全部安装使用污染源自动在线监控设备并同生态环境主管部门联网,依法公开排污信息。建立重点排污单位自行监测与环境质量监测原始数据全面直传上报制度。逐步在污染治理设施、监测站房、排放口等位置安装视频监控设施。健全各级环境监测机构、环境监测设备运营维护机构和社会环境监测机构的监测数据质量管理制度。2020 年底前,对所有污水处理设备、各类排污设备运营情况实现全面监管。

**环保数据监测全覆盖。**统一规划、整合优化环境质量监测点位,建设涵盖大气、水、土壤、噪声、辐射、生态等要素和园区企业在线环境监测点的环境质量监测网络。2020 年底前,建成统一的生态环境监测数据平台,依托省政务信息资源共享交换平台,共享水质水量、气象、空气质量、土壤质量、生态状况等环境数据,实现各级各类监测数据系统互联互通。

(7)开展"强机制"行动

**健全多元投入机制。**逐步建立常态化、稳定的财政资金投入机制,省财政设立专项引导资金,并利用好省级产业发展基金,统筹支持水清岸绿产业优美丽长江(安徽)经济带建设;沿江 5 市要制定具体政策措施,加大财政投入,相应设立专项资金。加强项目谋划和储备,积极衔接国家相关政策,争取中央资金支持。采用政府和社会资本合作(PPP)等模式,推动社会资本参与生态修复、污染治理、岸线整治、企业搬迁改造等。结合国家简政减税降费,研究制定有利于资源节约和生态环境保护的价格政策,落实相关税收优惠政策,完善差异化引导机制,对环保"领跑者"企业等依法依规给予优先支持。健全绿色金融体系,推动绿色金融发展,支持金融机构探索创新服务方式,综合运用绿色信贷、绿色债券、绿色基金、绿色保险等工具,助力水清岸绿产业优美丽长江(安徽)经济带建设。

**健全政策统筹机制。**注重加强水清岸绿产业优美丽长江(安徽)经济带建设与相关重大战略、重大政策的有机衔接,打通岸上和水里、地上和地下、城市和农村,贯通污染防治、生态保护和产业转型,最大限度地发挥综合效益。结合实施乡村振兴战略,发挥农村生态资源丰富的优势,支持沿江 5 市大力发展生态农业、生态旅游等绿色产业,培育一批特色小镇,吸引资本、技术、人才等要素向乡村流动,推动绿水青山转化成金山银山。结合推进精准扶贫,精准脱贫,聚焦大别山南麓、沿江行蓄洪区等深度贫困地区集中发力,建立健全稳定脱贫长效机制,务求取得实效。结合推进渔民上岸安居,开展以船为家渔民上岸安居工程"回头看",落实就业等帮扶举措,实现搬上来、住下来、富起来。结合建设"四个一"创新主平台,支持创新资源在沿江地区布局。对搬迁企业腾退出来的土地或其他非永久基本农田用地,根据山水林田湖草系统修复需要调整为生态用地或农业用地的,允许对土地利用总体规划进行相应调整,落实绿色发展空间转换需求。做好迁建企业和项目选址工作,迁建地点难以做到符合规划的,在不占用永久基本农田的前提下,允许修改土地利用总体规划。

**健全生态补偿机制。**积极推广新安江流域横向生态保护补偿试点经验,建立覆盖沿江 5 市的水环境生态补偿机制,2019 年底前全面建立沿江市内县(市、区)域水环境生态补偿机制。完善森林、湿地和耕地保护补偿制度,实施空气质量生态补偿制度,2020 年底前实现空气、森林、湿地、水流、耕地等重点领域和重点生态功能区、禁止开发区域等重点区域生态保护补偿全覆盖,补偿标准与经济社会发展状况相适应,补偿额度与生态保护绩效相挂钩。

**健全协同合作机制。**加强水环境、水资源、岸线、航运、绿色产业等方面的横向配合,强化省内跨市界水体上下游地区的纵向协作,实现统一检测评估、统一监督执法、统一督查问责。建立长江水环境联合执法监督机制,协同打击跨区域环境违法行为。研究建立规划环评会商机制,上游地级市人民政府及其有关部门在编制影响或者可能影响跨行政区域环境的重大规划时,应会商下游地级市人民政府及其有关部门。积极推动长三角地区更高质量一体化发展,加强与中上游省市协同发展,强化生态环保联防联控联治,清理阻碍要素合理流动的地方性政策法规,推动劳动力、资本、技术等要素跨区域自由流动和优化配置。

## 23.什么是水利"三大一强"专项攻坚行动？

"三大一强"指的是长江安徽段生态环境大保护、大治理、大修复和强化生态优先绿色发展理念。

安徽省环境保护委员会办公室文件

安环委办〔2019〕31 号

安徽省环境保护委员会办公室关于印发
《长江安徽段生态环境大保护大治理大修复
强化生态优先绿色发展理念落实专项攻坚
行动方案重点任务分工》的通知

有关市委、市人民政府，省直有关单位：
2019 年 3 月 31 日，中共安徽省委办公厅、安徽省人民政
府办公厅印发了《长江安徽段生态环境大保护大治理大修复
强化生态优先绿色发展理念落实专项攻坚行动方案》。为推进

·1·

安徽省水利厅

皖水河长函〔2019〕381 号

关于印发《省水利厅贯彻落实"三大一强"
专项攻坚行动工作方案》的通知

有关市水利（水务）局、河长办，厅直各有关单位：
为贯彻落实省委办公厅、省政府办公厅印发的《长江安徽段
生态环境大保护大治理大修复强化生态优先绿色发展理念落实
专项攻坚行动方案》（厅〔2019〕27 号）部署要求，我厅研究
制定了贯彻落实"三大一强"专项攻坚行动工作方案。现印发给
你们，请结合实际认真抓好落实。

"三大一强"专项攻坚行动主要有十一项任务。分别为狠抓"23+N"突出生态环境涉河（湖）问题整改、强化岸线保护和节约利用、做好长江防护林体系建设及违建项目清理整治后复绿工作、推进长江干支流管理范围划界工作、认真落实最严格的水资源管理制度、强化河湖管理突出问题整治、加快长江流域生态清洁小流域建设、扎实开展长江非法采砂问题整治、按时完成长江流域小水电清理整顿工作、加强长江干流岸线利用项目清理整治和深入推进河长制从"有名"到"有实"。

## "三大一强"专项攻坚行动主要任务

| 序号 | 项目 |
|---|---|
| 1 | 狠抓"23+N"突出生态环境涉河（湖）问题整改 |
| 2 | 强化岸线保护和节约利用 |
| 3 | 做好长江防护林体系建设及违建项目清理整治后复绿工作 |
| 4 | 推进长江干支流管理范围划界工作 |
| 5 | 认真落实最严格的水资源管理制度 |
| 6 | 强化河湖管理突出问题整治 |
| 7 | 加快长江流域生态清洁小流域建设 |
| 8 | 扎实开展长江非法采砂问题整治 |
| 9 | 按时完成长江流域小水电清理整顿工作 |
| 10 | 加强长江干流岸线利用项目清理整治 |
| 11 | 深入推进河长制从"有名"到"有实" |

# 第二篇

## 知水篇

### 1. 什么是水循环?

水循环是指地球上的水连续不断地变换地理位置和物理形态(相变)的运动过程,又称为水分循环或水文循环。

在太阳辐射能的作用下,从海陆表面蒸发的水分,上升到大气中,成为大气的一部分。水汽随着大气的运动转移并在一定的热力条件下凝结为液态水,降落至地球表面;一部分降水可以被植被拦截或被植物散发,降落到地面的水可以形成地表径流;渗入地下的水一部分以表层壤中流和地下径流形式进入河道,成为河川径流的一部分,另一部分补充地下水;贮于地下的水,一部分上升至地表供蒸发,一部分向深层渗透,在一定的条件下溢出成为不同形式的泉水;地表水和返回地面的地下水,最终都流入海洋或蒸发到大气中。

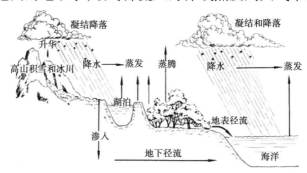

在全球水循环过程中,大气环流中的水循环是最活跃的,平均每 8 天更新一次;河流中的水循环也比较活跃,平均每 16 天更新一次;湖泊平均每 17 年更新一次。

**地球上各种类型水体的循环更替周期**

| 水体 | 更新周期 | 水体 | 更新周期 |
|------|---------|------|---------|
| 永久积雪 | 9700 年 | 沼泽水 | 5 年 |
| 海水 | 2500 年 | 土壤水 | 1 年 |
| 地下水 | 1400 年 | 河流 | 16 天 |
| 湖泊水 | 17 年 | 大气水 | 8 天 |

资料来源:联合国环境规划署(UNEP),1993。

**蒸发**。蒸发是指水从液态转化为气态的过程。液态的水蒸发变成水蒸气。水分从植物表面以水蒸气的形式散发到大气中的过程称为蒸腾。

**凝结**。凝结是指水蒸气从气态转化为液态的过程。当水蒸气凝结成的水滴比较小时,它们仍会悬浮在大气层中。无数悬浮着的小水珠构成了天空中的云或地面上方的雾。

**降水**。降水是指空气中的水汽冷凝并降落到地表的现象,它包括两部分:一是大气中的水汽直接在地面或地物表面及低空的凝结物,如霜、露、雾和雾凇,又称为水平降水;另一部分是由空中降落到地面上的水汽凝结物,如雨、雪、霰雹和雨凇等,又称为垂直降水。在我国,国家气象局地面观测规范规定,降水量仅指垂直降水。

**地表径流**。大量的降水在地球表面形成径流,从山峰流下,进入小溪、河流、池塘及湖泊。小的支流逐渐汇聚成为大支流,流经江河,最终奔腾入海。

**下渗**。下渗指水透过地面渗入土壤的过程。一些下渗的水会通过井或岩石缝隙重新回到陆地表面,而另一些则存留在地下,成为地下水。

**地下径流**。下渗到土壤中的水分,在满足土壤持水量需要后,将形成壤中水径流或地下水径流,从地面以下汇集到流域出口断面。

## 2. 什么是流域、水系、河流、湖泊、分水线？

**流域**。是指地面分水线包围的，能够汇集雨水从其出口流出的区域。

**水系**。是指流域内所有河流、湖泊等各种水体组成的水网系统。

**河流**。是指在重力作用下，集中于地表线性凹槽内的经常性或周期性天然水道的通称。

**湖泊**。是指陆地上相对封闭的洼地集水形成的、水域比较宽广、换水缓慢的水体。这种相对封闭的洼地称为湖泊。

**分水线**。又叫分水岭线，是分水岭的脊线。它是相邻流域的界线，一般为分水岭最高点的连线。地面分水线，是由于地形向两侧倾斜，使降水分别汇集到两条河流中去的脊岭线。地下水也有地下水的分水线，它决定于水文地质条件。

**分水岭示意图**

## 3. 水灾害的类型有哪些？

水的平衡被打破，就可能转变成各种灾害。归纳为水多、水少、水脏和水浑 4 种情况。

（1）水多——洪、涝、渍

洪水是由暴雨或急骤融冰化雪等自然因素、水库垮坝等人为因素引起的江河湖水量迅速增加,水位急剧上涨的自然现象。洪水水位若超过警戒水位,甚至突破堤防,漫入农田、城镇,造成生产生活损失,就成了洪灾。

　　洪水漫入城市和农田,很难迅速排干,水经久不退,就会形成内涝。地下水位过高,土壤含水过多,水多气少,长此以往,会使农作物根系呼吸困难,从而造成生长萎黄、长势差,导致严重减产或绝收,这种自然灾害被称为渍害。

**洪水灾害**

　　(2)水少——干旱

　　干旱,是指长期无雨或少雨,使土壤水分不足,作物水分平衡遭到破坏而减产的气象灾害。水少,会导致干旱,同样会破坏生产、妨碍生活。干旱缺水将直接影响植物的生长。

**干旱灾害**

（3）水脏——水污染

随着工业化和城镇化的发展,工厂和城市每天都源源不断地排出大量的工业废水和生活污水。污染物排放量一旦超过河湖水体的自净能力,就会给水环境带来直接的威胁,使原本不富余的水资源更趋紧张,生活质量急剧下降,甚至引起疾病和灾难。

**水污染**

（4）水浑——水土流失

水土流失是指在水力、风力、重力及冻融等自然引力和人类活动作用下,水土资源和土地生产能力的破坏与损失,包括土地表层侵蚀及水的损失。

水中的泥沙,来源于流域的水土流失,不仅使清澈的江河水体变浑,还在河道和湖库里造成沉淀与淤积,引起冲刷,使河床变形,严重时还会堵塞航道,使水库和渠道失效。根据《安徽省第一次水利普查公告》,安徽省水土流失面积为1.39万平方公里,约占安徽省国土面积14.01万平方公里的10%,其中:长江流域9 115.97平方公里、淮河流域3 387.01平方公里、新安江流域1 396.27平方公里。水土流失主要集中分布在皖南山区、皖西大别山区和江淮丘陵区。

水土流失

## 4. 什么是生态基流?

　　足够流动的水量是维持河流生态环境功能的最基本条件,如果发生河道断流,原有的水生环境将遭到严重破坏,即使恢复来水,河流系统也很难恢复到原来的状态。因此,在水资源开发利用中必须维持的河道的一定流量即生态基流。

生态新安江

## 5. 什么是生态保护红线?

　　根据中共中央办公厅、国务院办公厅印发的《关于划定并严守生态保护红线的若干意见》,生态空间是指具有自然属性、以提供生态服务或生态产品为主体功能的国土空间,包括森林、草原、湿地、河流、湖泊、滩涂、岸线、海洋、荒地、荒漠、戈壁、冰川、高山冻原、无居民海岛等。生态保护红线是指在生态空间范围内具有特殊重要生态功能、必须强制性严格保护的区域,是保障和维护国家生态安全的底线和生命线,通常包括具有重要水源涵养、生物多样性维护、水土保持、防风固沙、海岸生态稳定等功能的生态功能重要区域,以及水土流失、土地沙化、石漠化、盐渍化等生态环境敏感脆弱区域。

## 6. 我省生态保护红线划定原则有哪些?

(1)科学性原则

以构建国家和省域生态安全格局为目标,采取定量评估与定性判定相结合的方法划定生态保护红线。在资源环境承载能力和国土空间开发适宜性评价的基础上,按生态系统服务功能重要性、生态环境敏感性识别生态保护红线范围,并落实到国土空间,确保生态保护红线布局合理、落地准确、边界清晰。

(2)整体性原则

统筹考虑自然生态的整体性和系统性,结合山脉、河流、地貌单元、植被等自然边界以及生态廊道的连通性,合理划定生态保护红线,应划尽划,避免生境破碎化,加强跨区域间生态保护红线的有序衔接。

(3)协调性原则

建立协调有序的生态保护红线划定工作机制,强化部门联动,上下结合,充分与主体功能区规划、生态功能区划、水功能区划及国土规划、土地利用总体规划、矿产资源总体规划、城镇体系规划、城市总体规划等相衔接。生态保护红线划定要以土地现状调查数据和地理国情普查数据为基础,与永久基本农田保护红线和城镇开发边界相协调,原则上不得突破永久基本农田和城镇开发边界。

(4)动态性原则

根据构建国家和省域生态安全格局,提升生态保护能力和生态系统完整性的需要,生态保护红线布局应不断优化和完善,面积只增不减。

# 7. 我省生态保护红线划定结果是什么?

按照《生态保护红线划定指南》要求,结合安徽省实际,按照定量与定性相结合的原则,通过科学评估,识别生态保护的重点类型和重要区域。将评估得到的安徽省生态功能极重要区(包含水源涵养、水土保持、生物多样性维护等)和生态环境极敏感区(包含水土流失、盐渍化和地质灾害敏感区等)进行叠加合并,并与各类保护地进行校验,形成生态保护红线空间叠加图,确保划定范围涵盖国家级和省级禁止开发区域(国家级和省级禁止开发区域省级及以上自然保护区、世界自然遗产、省级及以上风景名胜区、省级及以上重要湿地、省级及以上湿地公园、省级及以上森林公园、省级及以上地质公园、省级及以上水产种质资源保护区等),以及其他有必要严格保护的各类保护地(各类保护地饮用水水源保护区、国家级公益林、清水通道维护区、优良水体及其滨岸带、长江干流生态保护岸线等)。通过边界处理、现状与规划衔接、跨区域协调、上下对接等步骤,最终确定安徽省生态保护红线。

安徽省生态系统服务功能重要区红线、生态环境敏感区红线面积分别为 24 534.36 平方公里、20 011.30 平方公里,分别占全省国土面积的 17.51% 和 14.28%;将两类评估红线叠加(去除重叠部分),并充分吸纳各方意见进行优化后的评估红线面积为 22 426.55 平方公里,占全省国土面积的 16.01%。禁止开发区红线和其他保护地红线进行叠加(去除重叠部分)后的面积为 10 917.00 平方公里,占全省国土面积的 7.79%。对评估红线和保护地红线进行叠加(去除重叠部分),扣除其中合法的矿业权和战略性矿产储量规模在中型以上的矿产地,再按照三条控制线(生态保护红线、永久基本农田和城镇开发边界)互不交叉重叠的原则,进一步扣除永久基本农田、城镇开发边界和村镇规划建设用地汇总形成安徽省生态保护红线总面积为 21 233.32 平方公里,占全省国土面积的 15.15%。

安徽省生态保护红线基本空间格局为"两屏两轴":"两屏"为皖西山地生态屏障和皖南山地丘陵生态屏障,主要生态功能为水源涵养、水土保持与生物多样性维护;"两轴"为长江干流及沿江湿地生态廊道、淮河干流及沿淮湿地生态廊道,主要生态功能为湿地生物多样性维护。

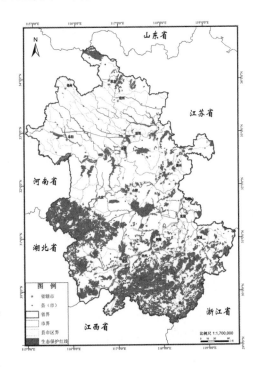

按照生态保护红线的主导生态功能将红线划分为水源涵养、水土保持、生物多样性维护等 3 大类共 16 个片区。安徽省生态保

护红线集中分布于:皖西大别山区的梅山、响洪甸、磨子潭、佛子岭、龙河口和花凉亭等水库库区及上游山区,皖南的黄山—九华山区,率水上游的中低山区,登源河和水阳江上游山区等水源涵养重要区域;皖西的天柱山区和岳西盆地地区,沿江以北丘陵区,沿江以南低山区,青弋江和漳河上游丘陵区,新安江中游的西天目山山区,江淮分水岭地区,皖北黄泛平原等水土保持重要区域;皖东南山区,牯牛降及周边地区,巢湖湖区,滁河上游的滁西丘陵区,皖北皇藏峪及周边,沿江以北华阳河湖群区,长江沿江湿地区,淮河中游、下游的沿淮湖泊湿地区等生物多样性富集地区。

# 8. 什么是水功能区和水功能区划?

水功能区,指为满足人类对水资源合理开发、利用、节约和保护的需求,根据水资源的自然条件和开发利用现状,按照流域综合规划、水资源保护和经济社会发展要求,依其主导功能划定范围并执行相应水环境质量标准的水域。

水功能区划是指划定水功能区的工作,目的是根据区划水域的自然属性,结合经济社会需求,协调水资源开发利用和保护、整体和局部的关系,确定该水域的功能及功能顺序。在水功能区划的基础上,核定水域纳污能力,提出限制排污总量意见,为水资源的开发利用和保护管理提供科学依据,实现水资源的可持续利用。

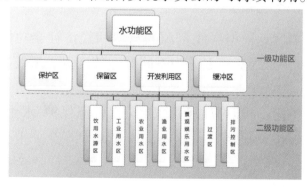

保护区是指对水资源保护、自然生态系统及珍稀濒危物种的保护具有重要意义,需划定进行保护的水域。

保留区是指目前水资源开发利用程度不高,为今后水资源可持续利用而保留的水域。

开发利用区是指为满足工农业生产、城镇生活、渔业、娱乐等功能需求而划定的水域。

缓冲区是指为协调省际间、用水矛盾突出的地区间用水关系而划定的水域。

饮用水源区是指为城镇提供综合生活用水而划定的水域。

工业用水区是指为满足工业用水需求而划定的水域。

农业用水区是指为满足农业灌溉用水需求而划定的水域。

渔业用水区是指为满足鱼、虾、蟹等水生生物养殖需求而划定的水域。

景观娱乐用水区是指以满足景观、疗养、度假和娱乐需要为目的的江湖库等水域。

过渡区是指为满足水质目标有较大差异的相邻水功能区间水质状况过渡衔接而划定的水域。

排污控制区是指生产、生活废污水排污口比较集中的水域,且所接纳的废污水对环境不产生重大不利影响。

## 9. 什么是岸线功能区划?

岸线功能区是根据岸线资源的自然和经济社会功能属性以及不同的要求,将岸线资源划分为不同类型的区段。岸线功能区分为以下四类。

**岸线保护区**。指对流域防洪安全、水资源保护、水生态保护、珍稀濒危物种保护及独特的自然人文景观保护等至关重要而禁止开发利用的岸线区。

**岸线保留区**。指规划期内暂不开发利用或者尚不具备开发利用条件的岸线区。

**岸线控制利用区**。指因开发利用岸线资源对防洪安全、河流生态保护存在一定风险,或开发利用程度已较高,进一步开发利用将对防洪、供水和河流生态安全等造成一定影响,而需要控制开发利用程度的岸线区。

**岸线开发利用区**。指河势基本稳定,无特殊生态保护要求或特定功能要求,岸线开发利用活动对河势稳定、防洪安全、供水安全及河流健康影响较小的岸线区。

## 10. 岸线分区管理具体要求有哪些?

**岸线保护区**。禁止在饮用水水源地一级保护区新建、改建、扩建与供水设施和保护水源无关的项目,以及从事其他可能污染饮用水水体的活动;禁止在自然保护区核心区内建设生产设施,以及从事未经批准的其他活动;禁止在水产种质资源保护区核心区内围垦、建设排污口以及其他与水产种质资源保护方向不一致的项目;禁止在重要湿地内建设破坏生态功能的项目,以及实施破坏湿地的行为;法律、法规规定的其他禁止行为。

**岸线保留区**。禁止在饮用水源地二级保护区内新建、改建、扩建排放污染物的项目;禁止在自然保护区缓冲区内建设生产设施、开展旅游和生产经营活动;禁止在自然保护区缓冲区内建设生产设施、开展旅游和生产经营活动;禁止在其实验区内建设污染环境、破坏资源、景观的生产设施,或者建设污染物排放超过国家和地方规定排放标准的其他项目;禁止在水产种质资源保护区实验区内围垦、建设排污口;法律、法规规定的其他禁止行为。

**岸线控制利用区**。禁止建设可能影响防洪安全、河势稳定、设施安全、岸坡稳定以及加重水土流失的项目;禁止建设可能对生态敏感区以及水源地有明显不利影响的危化品码头、排污口、电厂排污口等项目;禁止在饮用水水源地准保护区内新建、扩建对水体污染严重的项目,或者改建增加排污量的项目;禁止在自然保护区实验区内建设污染环境、破坏资源、景观的生产设施,或者建设污染物排放超过国家和地方规定排放标准的其他项目;禁止在水产种质资源保护区实验区内围垦或者建设排污口;法律、法规规定的其他禁止行为。

**岸线开发利用区**。充分考虑与城市发展、土地利用、港口建设、防洪、疾病预防、环境保护之间的相互影响,按照深水深用、浅水浅用、节约集约利用的原则,提高岸线资源利用效率。

# 11. **什么是河湖岸线控制线**?

河湖岸线控制线是指沿河流水流方向或湖泊沿岸周边为加强岸线资源的保护和合理开发而划定的管理控制线。河湖岸线控制线分为河湖临水控制线和河湖外缘控制线。

**河湖临水控制线**是指为稳定河势、保障河道行洪安全和维护河流健康生命的基本要求,在河岸的临水一侧顺水流方向或湖泊沿岸周边临水一侧划定的管理控制线。

**河湖外缘控制线**是指岸线资源保护和管理的外缘边界线,一般以河(湖)堤防工程背水侧管理范围的外边线作为外缘控制线,对无堤段河道以设计洪水位与岸边的交界线作为外缘控制线。

在外缘控制线和临水控制线之间的带状区域即为岸线。岸线既具有行洪、调节水流和维护河流(湖泊)健康的自然生态功能属性,同时在一定情况下,也具有开发利用价值的资源功能属性。任何进入外缘控制线以内岸线区域的开发利用行为都必须符合岸线功能区划的规定及管理要求,且原则上不得逾越临水控制线。

# 12. **什么是河湖管理和保护范围**?

根据《中华人民共和国河道管理条例》《安徽省水工程管理和保护条例》《安徽省湖泊管理保护条例》等有关规定,河湖管理保护范围如下:

　　有堤防的河道(含湖泊)的管理范围为两岸堤防之间的水域、沙洲、滩地(包括可耕地)、行洪区、两岸堤防及护堤地;无堤防的河道(含湖泊),其管理范围为历史最高洪水位或者设计洪水位线以下的区域。

　　堤防管理范围为堤防本身、两侧护堤地、开挖河道及加固堤防所形成的充填区、堆土区等;在管理范围外 100 米(沙基地段 200 米)内划定堤防安全保护范围:

　　(1)长江干流大中型堤防的护堤地,临水侧不得窄于 50 米,背水侧不得窄于 30 米。

　　(2)长江干流其他堤防、淮河干流(含颍河茨河铺以下、涡河西阳集以下)及其重要支流堤防的护堤地,临水侧不得窄于 30 米,背水侧不得窄于 20 米。

　　(3)其他河道堤防的护堤地,临水侧和背水侧均不得窄于 10 米。

　　(4)与人工堤防形成圈堤的高地,其管理范围不小于相邻堤防。

　　(5)湖泊保护范围为湖泊管理范围外一定区域,具体范围根据湖泊面积、功能、地形地貌、生态环境、汇水状况等确定。

　　(6)城市规划区内湖泊保护范围,由县级以上人民政府确定的部门会同水行政、国土资源等部门制定划定方案,报本级人民政府批准。

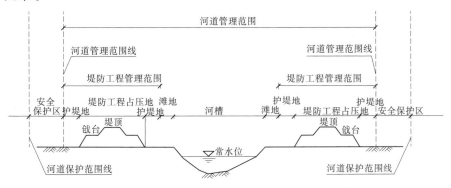

有堤防河道管理范围和保护范围示意图

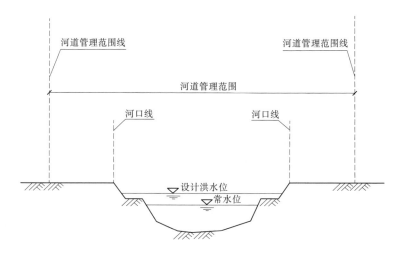

**无堤防的平原区河道管理范围示意图**

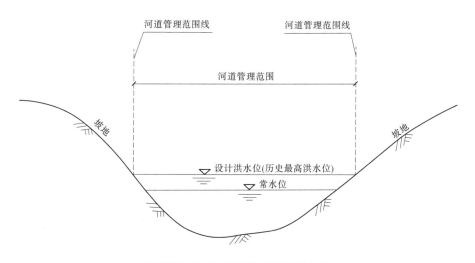

**无堤防的山丘区河道管理范围示意图**

## 13. 什么是黑臭水体?

　　我国对黑臭水体的治理,最早可以追溯到 1996 年的上海苏州河环境综合整治。近年来,黑臭水体治理逐渐受到地方政府的高度重视,并已经开展了对黑臭水体进行整治的相关实践。

　　2015年8月28日,住房和城乡建设部、环境保护部《关于印发城市黑臭水体整治工作指南的通知》,对城市黑臭水体给出了明确定义。一是明确范围为城市建成区内的水体,也就是居民身边的黑臭水体;二是从"黑"和"臭"两个方面界定,即呈现令人不悦的颜色和(或)散发令人不适气味的水体。以百姓的感官判断为主要依据,可将其细分为"轻度黑臭"和"重度黑臭"两级。"轻度黑臭"和"重度黑臭"的分级标准如下表所示。

黑臭水体的分级标准

| 特征指标 | 轻度黑臭 | 重度黑臭 |
| --- | --- | --- |
| 透明度(cm) | 25～10 | <10 |
| 溶解氧(mg/L) | 0.2～20 | <0.2 |
| 氧化还原电位(mV) | -200～50 | <-200 |
| 氨氮(mg/L) | 8.0～15 | >15 |

## 14. 黑臭水体治理目标是什么?

　　国务院颁布实施的《城市黑臭水体整治工作指南》中对我国黑臭河道治理的目标是:2017年底前,地级及以上城市建成区应实现河面无大面积漂浮物,河岸无垃圾,无违法排污口,直辖市、省会城市、计划单列市建成区基本消除黑臭水体;2020年底前,地级及以上城市建成区黑臭水体均控制在10%以内;到2030年,全国城市建成区黑臭水体总体得到消除。

## 15.**什么是河道淤积**？

河道淤积是指河水中泥沙在河底沉积,导致河床不断升高的现象。

发生河道淤积的原因有河流动力所导致的泥沙相互转换,也有人为破坏所带来的影响。许多河道由于常年没有进行疏导和维护,从而使其淤塞现象逐年加重。同时,许多河道的闸门常年处于关闭状态,从而使河道的水流自然流动性受到了不同程度的破坏,削弱了河道的自净能力。另外大量的强降雨,将地表中的土壤颗粒挟带到河流中,从而形成黏附力较强的淤泥,在其不断的淤积下导致河道发生严重的堵塞,使河道的正常功能受到较大的影响。

河道淤积

## 16.**河道淤积有哪些危害**？

近年来,许多河道都出现严重的淤积情况,不仅影响了河道的通航和泄洪能力,同时还对河道的生态功能产生了一定的破坏作用。

由于河道淤积,河床逐步抬高,致使河道防洪、除涝标准降低,河道上拦河节制闸的防洪、蓄水等调节能力也大大下降,直接影响水利工程的灌溉、补源、防洪、除涝等效益发挥和防汛安全。

　　河道淤积还将引起拦河闸上游水位升高,沿岸附近地区地下水位上升,极易导致土壤沼泽化和盐碱化,威胁城乡及防汛等安全,严重影响工农业生产和居民生活。另外,在汛期,由于水闸的调度运行,会冲刷水闸下游的河槽,导致河床降低,有时还会出现河水倒流或横流等现象,不便于河道的管理和维护。

## 17. 什么是水体富营养化?

　　水体富营养化是指湖泊、水库等水域的植物营养成分(氮、磷等)不断补给、过量积累,致使水体营养过剩的现象。富营养化是一种由来已久的环境现象,但人类活动促进和加剧了富营养化的发展。农田施肥、农业废弃物、城市生活污水和工业污水中营养物质输入都是导致水体富营养化的原因。

**巢湖蓝藻**

## 18. 水体富营养化有哪些危害?

　　水体富营养化会导致水质下降、水产资源被破坏和湖泊衰退等。在富营养化的水体中生长着以蓝藻、绿藻为优势种类的大量水藻。由于表层有密集的水藻,水质变得浑浊,湖水感官性状大为下降;而且阳光难以投射进入湖泊深层,湖底植物无法进行光合作用;藻类死亡后不断地腐烂分解,会消耗深层水体中的大量溶解氧,使水体溶解氧降低。植物富营养物质氮素在水中经微生物作用后,可氧化成硝酸根,其中间产物亚硝酸根,是一种潜在的致癌物质,对人体健康有害。

一方面,一旦水体出现富营养化状态,水体正常的生态平衡被扰乱,生物种群量会出现剧烈的波动,这种生物种类演替会破坏水生生物的稳定性和多样性。另一方面,富营养化也是水体老化的表现。湖泊中若藻类大量繁殖,将导致严重缺氧,水生动物的生存空间变得越来越小,水道堵塞,恶臭现象频发。

## 19. 什么是水功能区纳污能力和限制排污总量?

水功能区纳污能力是指在满足水域功能要求的前提下,对确定的水功能区,在给定的水功能区水质目标值、设计水量、排污口位置及排污方式下,水功能区水体所能容纳的最大污染物量,以吨/年表示。

限制排污总量与水功能区的类型有关,对于保留区和保护区,采用纳入能力和现状污染物入河量较小值作为限制排污总量;对于其他各类地表水功能区,采用纳污能力作为限制排污总量。

## 20. 水体污染的分类有哪些?

水体污染,从不同角度可以划分为各种污染类别。从污染源划分,可分为点源污染和面源污染。

点源污染是指由固定排放点的污染源,如工业废水及城市生活污水,由排放口集中汇入江河湖库;面源污染没有固定污染排放口,主要通过溶于降水、径流、冲刷等方式进入江河湖库,如大气降落物造成的污染等。

## 21.水体污染的来源有哪些?

水体污染是指工业废水、生活污水和其他废污水进入江河湖海等水体,超过水体自净能力后所造成的污染。这会导致水体的物理、化学、生物等方面特征的改变,从而影响到水的利用价值,危害人体健康或破坏生态环境,造成水质恶化等现象。

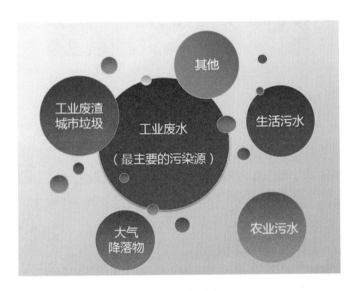

**水体污染的来源**

由于人类活动的影响和参与所引起的天然水体污染的物质来源,称为污染源。它包括向水体排放污染物的场所、设备和装备等。一般来说,形成水体污染物质的主要来源包括以下几个方面。

(1)工业废水

工业废水指的是工业企业排出的废水,是水体产生污染最主要的污染源。工业废水种类繁多,成分复杂,毒性污染物最多,污染物浓度高,难以净化和处理。工业废水大多未经处理直接排向河渠、湖泊、海域或者渗排进入地下水,且多以集中方式排泄,为最主要的点污染源。

工业废水

（2）生活污水

生活污水是人们日常生活产生的各种污水的总称，它包括由厨房、浴室、厕所等场所排出的污水和污物，以及各种集体单位和公用事业等排出的污水。生活污水含有无毒的无机盐类（如氯化物、硫酸盐、磷酸和 Na、K、Ca、Mg 等重碳酸盐）、需氧有机物（如纤维素、淀粉、糖类、脂肪、蛋白质和尿素等）、各种微量金属（如 Zn、Cu、Cr、Pb 等）、病原微生物及各种洗涤剂。

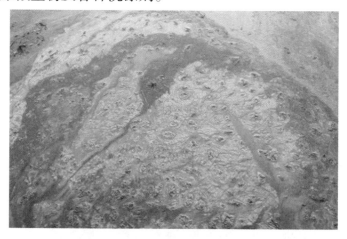

磷污染

（3）农业污水

农业污水包括农业生活污水、农作物栽培、牲畜饲养、食品加工等过程排出的污水。在作物生长过程中喷洒的农药和化肥，只有少部分留在农作物上，绝大多数都随着农业灌溉、降雨径流进入地表水体和土壤中，造成水体的富营养化。除此之外，有些污染水体的农药半衰期（指有机物分解过程中，浓度降至原有值的1/2时所需要的时间）相当长，如长期滥用有机氯农药和有机汞农药，则会污染地表水，造成水生生物、鱼贝类中有较高的农药残留，加上生物富集作用，如食用会危害人类的健康和生命。

**农业面源污染**

（4）大气降落物（降尘和降水）

大气中的污染物种类多，成分复杂，主要来自矿物燃烧和工业生产时产生的有毒、有害气体和粉尘等物质，是水体面源污染的主要来源之一。这类污染物质可以自然降落，或溶于降水中被携带至地面水体，造成水体污染。

（5）工业废渣和城市垃圾

工业生产过程中所产生的固体废弃物随工业发展日益增多，其中以冶金、煤炭、火力发电等行业排放量居多。城市垃圾包括居民的生活垃圾,商业垃圾和市政建设、管理产生的垃圾。

这些工业废渣和城市垃圾中含有大量的可溶性物质,在自然风化条件下,会分解出许多有害物质,并滋生大量病原菌和有害微生物。

(6)其他污染

死亡有机质能消耗水中溶解的氧气,危及鱼类的生存,还会导致水中缺氧,致使需要氧气的微生物死亡;油轮漏油或者发生事故会引起油类物质污染,泄露的石油形成油膜覆盖水面,会使水生生物大量死亡,死亡的残体分解又对水体再次造成污染,进而破坏水生生物的生态环境。

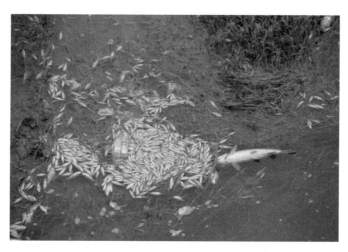

死亡有机质污染

## 22. **什么是水质监测**?

水质监测是对水中化学污染物以及物理和生物污染因素进行现场的、长期的、连续的监视和测定,并研究它们对环境质量影响的工作。对化学污染物的监测往往不只是测定其成分和含量,而且需要进行形态、结构和分布规律的监测;必要时对物理污染因素(如热和放射性等)和生物污染因素(如病原微生物等)也要进行监测。

水质监测的目的主要是:①评价水环境质量,预测水环境质量的发展趋势;②积累大量的监测数据,建立环境监测数据库,为制定和修改切实可行的环境保护法规、环境标准、环境规划和管理提供科学依据;③研究污染扩散模式和规律,为预测预报环境质量、治理环境提供依据;④积累环境本底的长期监测数据,为确切掌握环境容量、合理使用自然资源、制定和修改环境标准服务。

水质监测的过程一般包括现场调查、优化布点、样品采集、运送保存、分析测试、数据处理、综合评价等。

调查内容包括:主要污染物的来源、性质以及排放规律,受污染水体的性质和水体与污染源的相对位置(方位和距离),水文、地理、气象等环境条件及有关历史情况。

## 23. 有关水质的标准有哪些?

(1)地表水质量分类

《地表水环境质量标准》(GB 3838—2002)将标准项目分为:地表水环境质量标准基本项目、集中式生活饮用水地表水源地补充项目和集中式生活饮用水地表水源地特定项目。

地表水环境质量标准基本项目适用于全国江河、湖泊、运河、渠道、水库等具有使用功能的地表水水域;集中式生活饮用水地表水源地补充项目和特定项目适用于集中式生活饮用水地表水源地一级保护区和二级保护区。集中式生活饮用水地表水源地特定项目由县级以上人民政府环境保护行政主管部门根据本地区地表水水质特点和环境管理的需要进行选择,集中式生活饮用水地表水源地补充项目和选择确定的特定项目作为基本项目的补充指标。

依据地表水水域环境功能和保护目标,按功能高低依次划分为五类：

Ⅰ类主要适用于源头水、国家自然保护区；

Ⅱ类主要适用于集中式生活饮用水地表水源地一级保护区、珍稀水生生物栖息地、鱼虾类产场、仔稚幼鱼的索饵场等；

Ⅲ类主要适用于集中式生活饮用水地表水源地二级保护区、鱼虾类越冬场、洄游通道、水产养殖区等渔业水域及游泳区；

Ⅳ类主要适用于一般工业用水区及人体非直接接触的娱乐用水区；

Ⅴ类主要适用于农业用水区及一般景观要求水域。

对应地表水上述五类水域功能，将地表水环境质量标准基本项目标准值分为五类，不同功能类别分别执行相应类别的标准值。水域功能类别高的标准值严于水域功能类别低的标准值。同一水域兼有多类使用功能的，执行最高功能类别对应的标准值。

（2）地下水质量分类

依据我国地下水水质现状、人体健康基准值及地下水质量保护目标，并参照了生活饮用水、工业、农业用水水质要求，将地下水质量划分为五类。

①Ⅰ类主要反映地下水化学组分的天然低背景含量，适用于各种用途。

②Ⅱ类主要反映地下水化学组成的天然背景含量，适用于各种用途。

③Ⅲ类以人体健康基准值为依据，主要适用于集中式生活饮用水水源及工、农业用水。

④Ⅳ类以农业和工业用水要求为依据，除适用于农业和部分工业用水外，适当处理后可作为生活饮用水。

⑤Ⅴ类不宜饮用，其他用水可根据使用目的选用。

## 24. 饮用水水源保护区是如何划定的？

饮用水水源保护区是指为防止饮用水水源地污染、保证水源水质而划定，并要求加以特殊保护的一定范围的水域和陆域。饮用水水源保护区分为一级保护区和二级保护区，必要时可在保护区外划分准保护区。

饮用水水源一级保护区指以取水口（井）为中心，为防止人为活动对取水口的直接污染，确保取水口水质安全而划定需加以严格限制的核心区域。

饮用水水源二级保护区指在一级保护区之外，为防止污染源对饮用水水源水质的直接影响，保证饮用水水源一级保护区水质而划定，需加以严格控制的重点区域。

饮用水水源准保护区指依据需要，在饮用水水源二级保护区外，为涵养水源、控制污染源对饮用水水源水质的影响，保证饮用水水源二级保护区的水质而划定，需实施水污染物总量控制和生态保护的区域。

饮用水水源保护区的划定，应当按照国家《饮用水水源保护区划分技术规范》（HJ 338—2018），由有关市、县人民政府提出划定方案，报省人民政府批准；跨市、县饮用水水源保护区的划定，由有关市、县人民政府协商提出划定方案，报省人民政府批准；协商不成的，由省人民政府环境保护主管部门会同同级水行政、国土资源、卫生计生、住房和城乡建设等部门提出划定方案，征求同级有关部门的意见后，报省人民政府批准。乡镇及以下的饮用水水源保护区的划定，由所在地乡镇人民政府提出划定方案，报县级人民政府批准。饮用水水源保护区划分的技术步骤如下图所示。

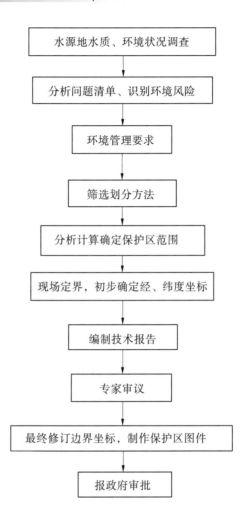

水源地水质、环境状况调查

分析问题清单、识别环境风险

环境管理要求

筛选划分方法

分析计算确定保护区范围

现场定界，初步确定经、纬度坐标

编制技术报告

专家审议

最终修订边界坐标，制作保护区图件

报政府审批

**饮用水水源保护区划分技术步骤**

## 25. 饮用水水源保护区有哪些禁止行为？

（1）准保护区内

根据《安徽省饮用水水源环境保护条例》，饮用水水源准保护区内，禁止以下行为：

①新建扩建制药、化工、造纸、制革、印染、染料、炼焦、炼硫、炼

砷、炼油、电镀、农药等对水体污染严重的建设项目；

②改建增加排污量的建设项目；

③设置易溶性、有毒有害废弃物暂存和转运站；

④施用高毒、高残留农药；

⑤毁林开荒；

⑥法律、法规禁止的其他行为。

（2）二级保护区内

在饮用水水源二级保护区内,除遵守对准保护区内禁止行为的规定,还禁止以下行为：

①设置排污口；

②新建、改建、扩建排放污染物的建设项目；

③堆放化工原料、危险化学品、矿物油类以及有毒有害矿产品；

④从事规模化畜禽养殖；

⑤从事经营性取土和采石(砂)等活动。

已建成的排放污染物的建设项目,由县级以上人民政府责令拆除或者关闭。

在饮用水水源二级保护区内从事网箱养殖、旅游等活动的,应当按照规定采取措施,防止污染饮用水水体。

（3）一级保护区内

在饮用水水源一级保护区内,除遵守对准保护区和二级保护区内禁止行为的规定,还禁止下列行为：

①新建、改建、扩建与供水设施和保护水源无关的建设项目；

②从事网箱养殖、畜禽养殖、施用化肥农药的种植以及旅游、游泳、垂钓等可能污染饮用水水源的行为；

③停靠与保护水源无关的机动船舶；

④堆放工业废渣、生活垃圾和其他废弃物。

已建成的与供水设施和保护水源无关的建设项目,由县级以上人民政府责令拆除或者关闭。

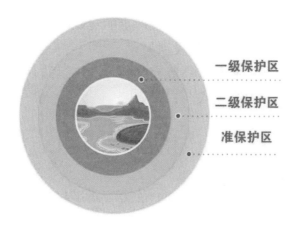

一级保护区

二级保护区

准保护区

## 26. 我省水情概况如何？

我省国土面积 14.01 万平方公里,年降水量 750 ~ 1 700 毫米,多年平均水资源总量 716.26 亿立方米。根据第一次水利普查结果,全省流域面积 50 平方公里以上的河流 901 条,常年蓄水面积 1 平方公里以上的天然湖泊共 128 个。主要河流分属淮河、长江、新安江三大水系。其中:长江安徽段 416 公里,流域面积6.67万平方公里,占全省面积的 47.6% ,水资源总量 420.88 亿立方米;淮河安徽段 418 公里,流域面积 6.66 万平方公里,占全省面积的 47.9% ,水资源总量 226.14 亿立方米;新安江安徽段 242 公里,流域面积 6 016 平方公里,占全省面积的 4.7% ,水资源总量 69.24 亿立方米。长江北岸的巢湖是全国五大淡水湖之一,水域面积 784 平方公里。

　　我省在气候上属中纬度过渡带、南北方过渡带、海陆过渡带叠加地区,冷暖空气交汇频繁,气象条件复杂,是典型的孕灾地区。全省降雨量时空分布不均,空间上南多北少,时间上多集中在每年的5~9月,约占全年雨量的70%。特殊的水情、气候条件和经济社会发展状况,决定了加快水利发展和河湖保护的迫切性、艰巨性,既面临水时空分布不均、水灾害频发等老问题,又面临水资源短缺、水生态损害、水环境污染等新问题。兴水利、除水患、维护河湖健康生命、保障水安全,始终是事关经济社会发展的大事。新中国成立以来,省委、省政府高度重视水利工作,领导全省人民开展大规模建设,累计建成堤防近3.5万公里、水库5 877座、水闸4 590座、排涝灌溉泵站20 562座,总装机容量210万千瓦,开挖了驷马山引江水道、新汴河、茨淮新河、怀洪新河、青弋江分洪道、淮水北调等6条大型人工分洪河道和调水工程,设立了24处行蓄洪区,建成淠史杭等大中型灌区533处;正实施引江济淮、江巷水库、下浒山水库、月潭水库等重大水利建设项目,基本形成防洪减灾工程体系,在资源功能、环境功能和生态功能等方面发挥着重要作用,为加快推进区域经济社会发展提供了强有力的支撑。

# 第三篇

## 治水篇

## 1. 什么是"一河（湖）一策"？

中央《关于全面推行河长制的意见》中要求："立足不同地区、不同河湖实际，统筹上下游、左右岸，实行一河一策、一湖一策，解决好河湖管理保护的突出问题。"落实"一河（湖）一策"，就是针对每条河湖各自的情况，摸清河湖健康现状，科学诊断河湖存在的突出问题，确定河湖保护与治理工作目标和主要任务，提出河湖水资源管理、河湖资源保护、水污染防治、水环境综合治理、生态修复、长效管护、执法监督、综合功能提升等方面的保护

安徽省淮河干流"一河一策"实施方案

安徽省全面推行河长制办公室
2017 年 10 月

淮河干流省级"一河一策"

66

治理措施。

## 2. 如何编制"一河(湖)一策"？

（1）编制指南

水利部印发的"一河(湖)一策"方案编制指南包括 3 部分内容，即一般规定、方案框架及 5 个附表。

一般规定部分包括 8 个小部分，分别为适用范围、编制原则、编制对象、编制主体、编制基础、方案内容、方案审定以及实施周期。

方案框架部分包括 6 块内容，分别为综合说明、管理保护现状与存在问题、管理保护目标、管理保护任务管理保护措施以及保障措施。

5 个附表分别是：河湖(河段)管理保护问题清单、目标清单、目标分解表、任务清单、措施及责任清单。

（2）编制思路

一是根据河湖已有规划和方案确定的相关成果内容，结合河湖自然环境禀赋条件和资源环境承载状况，以及河湖水功能区的功能定位，结合河湖水资源、河湖资源、水生态、水环境等方面的本底条件，以及防洪除涝、供水、航运等综合功能，摸清河流存在的主要问题，找准河湖各类问题产生的原因，形成河湖问题清单。

二是针对河湖存在的突出问题，结合河湖保护治理的迫切需求，合理确定河湖保护治理总目标和分阶段目标，通过查找河湖现状情况与目标要求的差距，确定河湖保护治理的主要任务，形成目标清单和任务清单。在河段目标任务分解基础上，编制河段目标任务分解表。

三是以相关规划和方案成果为基础，结合河湖现状问题与治理需求分析，针对河湖长制六大任务，即水资源保护、水域岸线管理保护、水污染防治、水环境治理、水生态修复、执法监督等，从治理和管控两方面入手，提出河湖保护治理的相关措施，形成措施清单。

四是按照河湖保护治理工作的紧迫性,确定保护治理措施的实施安排、分工方案以及进度要求等,明确各级河长、河长办及有关部门的责任,形成责任清单和实施计划表。

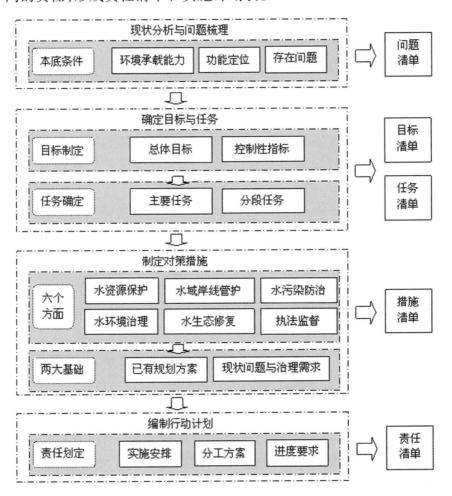

（3）编制流程

明确编制单元。按照河湖水系树状结构关系和省、市、县、乡管理权限,逐级梳理,确定方案编制单元。安徽省省级负责编制的河湖名录见下表。

安徽省级负责编制"一河(湖)一策"实施方案对象

| 序号 | 河湖名称 | 涉及行政区 |
|---|---|---|
| 1 | 长江干流安徽段 | 安庆市、池州市、铜陵市、芜湖市、马鞍山市 |
| 2 | 淮河干流安徽段 | 阜阳市、六安市、淮南市、蚌埠市、滁州市 |
| 3 | 新安江干流安徽段 | 黄山市 |
| 4 | 巢湖 | 合肥市、六安市、芜湖市、马鞍山市、安庆市 |
| 5 | 龙感湖 | 安徽省安庆市(与湖北省黄冈市交界) |
| 6 | 菜子湖 | 安庆市、铜陵市 |
| 7 | 枫沙湖 | 铜陵市、芜湖市 |
| 8 | 石臼湖 | 安徽省马鞍山市(与江苏省南京市交界) |
| 9 | 焦岗湖 | 淮南市、阜阳市 |
| 10 | 高塘湖 | 淮南市、滁州市、合肥市 |
| 11 | 天河 | 蚌埠市、滁州市 |
| 12 | 高邮湖 | 安徽省滁州市(与江苏省扬州市交界) |

**确定编制主体和单位**。根据已确定的编制单元,按照河湖的最高级河湖长设置情况,选定同级河长办作为编制主体负责方案编制的组织工作,并由各级河长办确定具体编制单位。

**收集和整理基础资料**。根据方案的编制单元和编制范围,收集和整理河湖基础资料及相关规划、方案成果。

**开展方案编制**。根据已下达的编制任务要求,由各级河湖长牵头,同级河长办负责组织所属河湖方案的编制。各级河长办负责指导编制承担单位开展具体编制工作。

**跨区方案协调**。涉及跨市、跨县方案的(指无更高一级河长的情况),由上级河长办负责审核协调。

**成果审查与批复**。由同级河长办负责组织对方案进行审查,通过后报总河长批准执行。成果批复后,可结合各地实际情况对社会公布,接受社会监督。

按照系统治理的要求,考虑各种需要和可能,因地制宜地制定河湖治理与管控措施,开展管控任务分解,制定实施方案。技术路线图如下所示。

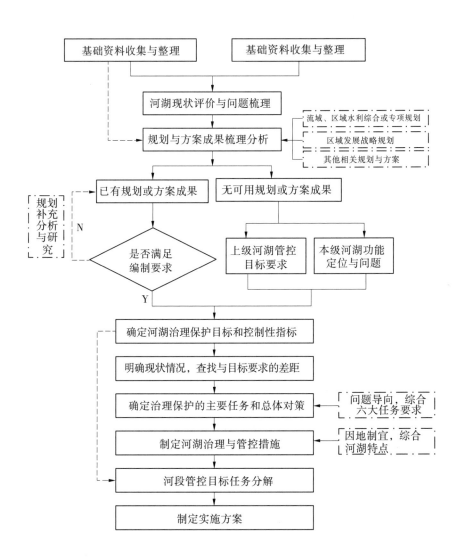

## 3. 什么是"一河（湖）一档"?

水利部办公厅印发的《"一河（湖）一档"建设指南（试行）》中一是对"一河（湖）一档"做了一般规定,规定了适用范围、建档对象以及建档主体 3 部分内容。

二是规定了建档的主要内容,包括基础信息、动态信息 2 个部分。其中,基础信息包括河湖自然属性、河（湖）长信息等,动态信息包括取用水、排污、河湖水质、水生态、岸线开发利用、河道利用、涉水工程和设施等。

三是规定了建档信息的来源与填报,并在附件中列了 6 张表格。河流和湖泊分别 3 张,即××河流（段）或××湖基础信息表、××河流（段）或××湖动态信息汇总表、××河流（段）或××湖分类动态信息表。

## 4. 如何进行河道整治?

河道整治是按照河道演变规律,因势利导,调整、稳定河道主流位置,改善水流、泥沙运动和河床冲淤部位,以适应防洪、航运、供水、排水等国民经济建设要求的工程措施。河道整治包括控制和调整河势、裁弯取直、河道展宽和疏浚等。

（1）整治规划

要全面研究拟整治河段和毗连的上下游河段可能有的整治开发问题。要调查了解社会经济、河势变换及已有的河道整治工程情况,进行水文、泥沙、地质、地形的勘测,分析研究河床演变的规律,确定规划的主要参数,如设计流量、设计水位、比降、水深、河道平面和断面形态指标（包括洪、中、枯水三种情况）等,依照整治任务拟定方案,通过比较,选取优化方案,使规划实施后的总效益最大。对于重要的工程,在方案比较选取时,须进行数学模型计算和物理模型试验。

（2）整治原则

①上下游、左右岸统筹兼顾；

②依照河势演变规律因势利导，并要抓紧演变过程中的有利时机；

③河槽、滩地要综合治理；

④根据需要与可能，分清主次，有计划、有重点地布设工程；

⑤对于工程结构和建筑材料，要因地制宜，就地取材，以节省投资。

（3）工程布局

以防洪为目的的河道整治，要保证有足够的排洪断面，避免出现影响河道宣泄洪水的过分弯曲和狭窄的河段，主槽要保持相对稳定，并加强河段控制部位的防护工程。以航运为目的的河道整治，要保证航道水流平顺、深槽稳定，具有满足航道要求的水深、航宽、河宽半径和流速、流态，还应注意船行对河岸的影响。以饮水为目的的河道整治，要保证取水口段的河道稳定且无严重的淤积。

整治工程的布局，应能使水流按治导线流动，以达到控制河势、确定河道的目的。建筑物的位置及修筑顺序，需要结合河势现状及发展趋势确定。

（4）整治措施

河道整治可采取深挖、取直和清障等方式来提高河槽的过流能力，从而减少进入洪泛平原洪水的深度、淹没范围和历时。具体措施有：①修建河道整治建筑物控制、调整河势，如修建丁坝、顺坝、锁坝、护岸、潜坝、鱼嘴等，有时还可采用环流建筑物。②对于过分弯曲的河道，实施河道裁弯工程。③对于堤距过窄或有少数突出山嘴的卡口河段实施展宽工程。通过退堤以展宽河道，有的还可以将退堤和扩槽相结合进行整治。④疏浚，可通过爆破、机械开挖及人工开挖完成，在平原河道多采用挖泥船等机械疏浚，在山区河道则通过爆破和机械开挖等方式拓宽、浚深水道。

## 5. 河湖水污染防治工程措施有哪些？

　　水污染防治工程是一种防治、减轻直至消除水环境的污染,改善和保持水环境质量,合理利用水资源所采取的工程技术措施。它是环境工程学的一个技术领域,同当地自然条件(地形、气象、河流、土壤性质等)、社会条件(城市、地区发展、工农业生产、人口密度、交通情况、经济生活、技术水平等)都有密切关系。因此,必须综合考虑各种污水的产生、水量和水质的控制、污水输送集中方式、污水处理方法及排放和回用要求、水体和土壤的自然净化能力等多方面的问题,以进行全面规划,综合防治。

　　**减少耗水量**。从源头减少污染排放,当前我国水资源利用存在两个方面的问题,一方面水资源紧缺,另一方面浪费又很严重。同工业发达国家相比,我国单位产品的耗水量要高得多。耗水量大,不仅造成了水资源的浪费,也是造成水环境污染的重要原因。企业进行技术改造,推行清洁生产,一水多用,提高水的重复利用率等,都是被实践证明的行之有效的方法。

　　**优化生产力布局**。充分考虑水环境承载能力和水资源开发利用率,以水定产、以水定城,合理确定发展布局、结构和规模。根据城镇化和城乡人口结构变化趋势,坚持"适度集聚、节约土地、有利生产、方便生活"的原则,优化城乡布局,发展紧凑型都市圈,科学合理地确定村镇布局和规模,完善城乡功能网络。加强规划环评、水资源论证,从资源环境承载力和生态功能分区等角度优化城乡发展规划,实现城市与区域的整体联动,使人口向城镇聚集,产业向园区集中,提高区域性治污设施的共建共享率,形成有利于水生态保护的城乡生产力布局。

　　**加快产业结构调整**。制定、执行禁止和限制发展的产业、产品目录,运用经济、法律和必要的行政手段,开展重点行业污染专项整治,限制、淘汰落后产能;限制不符合行业准入条件和产业政策的生产能力、工艺技术、装备和产品。对新上项目实施严格的准入制度。对限制类新建项目新增污染物必须根据老企业减排的两倍总量来置换,实施"减二增一"。积极推进循环经济和清洁生产试点,探索不同类型、不同层次的循环经济模式,培育一批符合循环经济和清洁生产发展要求的示范工业企业、示范工业园区和示范城市,引导各级各类开发区开展生态产业园建设。

**强化工业污水处理**。实施工业废水深度处理,改造工业废水处理设施及工艺,进一步削减污染物排放量。对重点行业实施清洁生产水平提升工程。对新建、改建项目,其指标不应低于清洁生产评价指标体系中的"清洁生产先进企业"水平。加强集中式污水处理设施建设,提高工业废水集中处理能力。各类开发区须配备完善的环境治理设施,加强工业废水和固体废物的收集和处理。推进工业园区或开发区的废污水循环利用和再生利用。加强监督管理,提高环保执法力度。加强对污染源的监督监测,增加监测频次,对连续监测不达标的企业通过媒体予以曝光。

**提升城镇生活污水处理能力**。加强污水收集管网的配套建设和管理维护,尤其是支管网建设,扩大纳管范围,稳步提高城乡污水收集能力,实现污水处理厂建成一年内运行负荷率达到60%,三年以上不低于75%的基本要求。结合城镇集中居住区旧城改造、道路改造、新建小区建设等工程,加快实施城镇雨污分流管网建设,暂不具备改造条件的,要尽快建设截流干管,适当加大截流倍数。深入推进城镇污水处理设施建设,提升城镇污水处理能力,优化城镇污水处理厂布局,满足城市建成区污水实现基本全收集、全处理的需要。

**推进农村水环境综合整治**。以县(市、区)为单元,实施农村清洁、水系沟通、河塘清淤、岸坡整治、生态修复等工程,协同推进村庄环境整治提升工程和覆盖拉网式农村环境综合整治试点工作。各地按实际情况制定农村环境综合整治规划及分年度计划。统筹城乡、区域生活污水治理,编制县级村庄生活污水治理专项规划,将污水合理选择并就近接入城镇污水处理厂统一处理或就地建设小型设施进行相对集中处理。

**全面开展农业面源污染**。从源头抓起,配合过程阻断及进行生态修复等工程措施,控制种植业面源污染。建立连片生态循环绿色农业污染控制区,推广测土配方施肥、病虫害专业化统防统治等科学施肥、用药新技术,实施污染防控措施。以镇为单位,加快农业转型升级,建立连片生态农业园区,全面推广农业清洁生产技术、节水灌溉和生物防治技术,应用生物有机肥和复合肥,合理轮作、间作并将秸秆还田,形成结构合理、良性循环的农业生产体系。构建种植业尾水及农田地表径流的生态拦截屏障与尾水回用工程,实现污染物的有效控制与养分的高效利用。

**加强畜禽养殖业污染治理**。健全养殖规划体系,划定禁养区,明确重点发展区域和布局,在总量控制、合理布局、分区管理的基础上,制定市、县畜禽养殖规划,实现畜禽养殖污染"减量化、无害化、资源化、生态化"的要求。实施畜禽养殖污染治理重点工程,提升废弃物资源集约利用水平,建立起政府扶持、企业主导、社会参与、长效运行、奖惩结合的社会化治污机制。推行"种养控"一体化循环利用产业链模式,鼓励大中型规模畜禽养殖场流转承包周边农田林地,通过建设畜禽粪污还田设施,就地消纳粪污以实现循环利用。

# 6. 常用河湖疏浚措施有哪些?

(1)河湖疏浚的定义与背景

疏浚工程即采用水力或机械的方式为拓宽、加深水域、改善航运条件或增加库容而进行的水下土石方开挖工程。

(2)河湖疏浚的分类

根据疏浚目的的不同,疏浚可分为工程疏浚和环保疏浚。

工程疏浚主要是为了达到疏通航道、增容等目的;环保疏浚(也称生态疏浚,或生态清淤)主要是为了治理湖泊富营养化内源污染,其目的是通过对底泥的疏挖来去除湖泊底泥中所含的污染物,清除污染水体的内源,减少底泥污染物向水体的释放,并为水生态系统的恢复创造条件。

**工程疏浚与环保疏浚对比**

| 比较项目 | 工程疏浚 | 生态疏浚 |
|---|---|---|
| 目标 | 清除淤积土方 | 清除底泥中的污染物 |
| 性质 | 物理工程 | 生态修复工程 |
| 控制参数 | 疏浚泥沙土方量和几何尺寸、底部标高 | 去除污染营养盐的数量和位置 |
| 疏浚深度 | 按工程标高设计深度 | 富含营养盐的淤泥层 |
| 疏浚范围 | 工程设计区域或地段 | 重污染区、水源地等局部区域 |
| 施工机械 | 通用疏浚机械(按土工特性选择) | 清洁生产工艺,采用环保无扰动型挖泥设备 |
| 堆泥场 | 常规物理堆放的场地,以浊度或含沙量控制排水 | 符合无风险环保安全要求的场地,以水质指标控制排水 |
| 最佳施工期 | 全年均可 | 当年11月至次年4月(生物休眠期) |
| 监测参数 | 物理泥沙含量和浊度等 | 疏浚设备头部和尾水排放泥沙含量及水质污染参数,属生物物种保护监测 |

环保疏浚是近30年发展起来的新兴产业,是水利工程、环境工程和疏浚工程交叉的边缘工程技术,是疏浚行业中的一个不同于普通疏浚的特殊分支。环保疏浚的目的是清除对水环境造成影响的污染底泥,其开挖范围依据污染底泥的分布情况而定,开挖泥层较薄,既要彻底清除污染物,又要求尽量不超挖、不破坏未污染的原生

土。因此,环保疏浚对疏浚精度(平面定位和深度控制精度)的要求相当高,其施工深度精度要求为 5～10 厘米。另外,由于环保底泥疏浚费用较高,而且对疏浚出来的有毒沉积物质的处置要求也比较高,使得在选择是否进行底泥疏浚的问题上一般比较谨慎。

(3)常见的河湖疏浚方式及其效果

不同的疏浚方式和设备对底泥疏浚效果影响较大。目前,国内外湖泊底泥疏浚方法主要有两种,一种是抽干湖水后的干水疏浚,另一种是直接从水下挖泥的带水疏浚。前一种方式对底栖生物生境干扰较大;而不抽干湖水的带水疏浚施工方法对湖泊的各种功能影响较小,是当前底泥环保疏浚的发展方向。

# 7. 河湖治理的生态修复工程措施有哪些?

(1)水生态修复的目的与作用

水生态修复就是通过一系列措施,将已经退化或损坏的水生态系统恢复、修复,使其基本达到原有水平或超过原有水平,并保持其长久稳定。其目的和作用为:

①水生态修复的目的是修理并恢复水体原有的生物多样性、连续性,充分发挥资源的生产潜力,同时起到保护水环境的目的,使水生态系统转入良性循环,达到经济和生态同步发展。

②水生态修复的主要作用是通过保护、种植、养殖、繁殖适宜在水中生长的植物、动物和微生物,改善生物群落的结构和多样性;增强水体的自净能力,消除或减轻水体污染;生态修复区域在城镇和风景区附近的,应具有良好的景观作用,其生态修复具有美学价值,可以创造城市优美的水生态景观。

③湿地的水生态修复一般需要经过较长一段时间才能趋于稳定并发挥其最佳作用。种植水面植物(含生态浮床和浮游水面植物)能在较短时间内发挥作用,可作为先锋技术采用;水生态修复一般需要经过较长一段时间才能发挥作用,3～5 年可初步发挥作用,

10～20年才能发挥最佳的作用。治理工作必须立足长治久安,遵循生态学的基本规律。

(2)水生态修复的分类及措施

水生态修复一般分为人工修复、自然修复两类。生态缺损较大的区域,以人工修复为主,并与自然修复相结合,以人工修复促进自然修复;现状生态较好的区域,以保护和自然修复为主,人工修复主要是为自然修复创造良好环境,加快生态修复进程,促进稳定化过程。进行人工修复的区域,一方面需根据现代社会的观念和市民的愿望按照城镇和农村水域的不同功能进行生态修复;另一方面应尽量仿自然状态进行修复,特别是农村区域。水生态系统得到初步恢复后,加强管理和长效管理,确保其顺利转入良性循环。

水生态修复技术包括"控源减污、基础生境改善、生态修复和重建、优化群落结构"四项技术措施。水体生态修复不仅包括开发、设计、建立和维持新的生态系统,还包括生态恢复、生态更新、生态控制等内容,同时充分利用水调度手段,使人与环境、生物与环境、社会经济发展与资源环境达到持续的协调统一。

其中,生态修复和重建应注意以下几点:①种植水生植物要选择适合的种类和品种并合理搭配;②生态修复要选择适当的时机;③生态修复要创造适宜的生物生长环境;④合理养殖水生动物;⑤提倡乡土品种,防止外来有害物种对本地生态系统的侵害;⑥优化群落结构。

## 8. 河湖治理常见的非工程措施有哪些?

(1)城市河湖治理的非工程措施

①构建河湖健康评价体系。健康的河湖能满足人类社会的合理要求,能保持河湖系统的自我维持和更新。

②制定水资源配置和保障方案。确定和保障生态需水量是生态系统保护的重要内容之一。各市应结合流域和地区水资源规划

来进行水资源的配置,提出水生生态系统修复的生态需水量和保障措施,避免水生态环境的恶化。

③加强法律和制度建设。各级政府应积极制定水生态保护方面的政策和法规,建立由政府主导、部门协作、全社会参与的有效制度和计划。此外,各级政府需加强实施取水许可制度、排污和入河排污口管理制度以及水功能区管理制度。

④推行清洁生产,加强节水型社会建设。水生态系统保护需要减轻社会经济系统对水生态系统的压力和胁迫。各地政府要根据当地节水、污染治理与排放现状,收集相关资料,提出工业结构调整和空间布局的合理方案,加强节水型社会建设,进一步控制污染。

⑤加强宣传教育。通过新闻报道、公益广告、公众教育、文艺创作等多种渠道,大力开展形式多样的水生态保护及修复的宣传教育活动,提高全民意识,让公众都积极参与到水生态保护及修复的工作中。

(2)农村河湖治理的非工程措施

农村河湖分布相对广泛,各农村地区的差异也较大,因此一些适合在城市开展的措施在农村不一定可行,需结合农村流域的现状和农村自然经济等条件来提出合理的非工程措施。

①成立管理队伍。负责日常巡视,一旦发现破坏水生态的现象应及时制止并上报;清理流域中因富营养化而生长迅速的植物,必要时投入大量人力进行河道清理;降雨时负责疏浚地表的水流,防治雨水冲毁堤岸。

②建立水质监测系统。根据农村实际情况,水质监测可按季度或丰、平、枯水期进行,水样监测可由当地环境监测站或省市环境监测站进行。当地政府可根据监测数据采取针对性的解决措施,并将监测数据进行整理,编制流域年报以供参考。

③加强宣传教育。多数农村地区居民环保意识较弱,居民关注的往往是饮水安全,而在流域水污染方面的环保意识相对薄弱。因

此,应该宣传水生态破坏对居民生活的影响,通过一系列生动形象的宣传教育活动,让广大农村居民了解水生态保护和修复的重要性,尽量让更多的农村居民参与到农村流域的水生态保护和修复中来。

## 9. 如何识别及防治工矿企业污染?

我国各类矿产资源丰富,工矿资源利用形式多样,工矿区污染的类型、程度与特点也各有不同。一般来说,工矿企业生产经营活动中排放的"三废"(废水、废渣、废气),是造成周边水体、空气和土壤污染的主要原因。另外,尾矿渣、危险废物等各类固体废物堆放,也会污染周边土壤以及地下水。

政府部门要加强对工矿企业的环境监管,禁止工矿企业在废水、废气、废渣处置过程中将污染物转移到水体及土壤中。另外,针对不同工矿企业的污染类型,科学采用污染治理技术,对受污染的水体和土壤进行修复。

工业三废

## 10. 如何识别及防治城镇生活污染?

城镇生活环境问题主要来源于生活污染,包括城镇居民生活垃圾和生活污水,随着城镇生活及交通水平的快速发展,汽车尾气也成为污染空气和交通干线两侧土壤的重要来源。

对于生活垃圾的处理,从居民出发,提倡环保的生活理念,主动减少垃圾,实施垃圾分类回收,完善垃圾处理基础设施,减轻或减少垃圾污染。

垃圾分类

城镇生活污水要实行雨污分流。为防止混合污染,雨水经过雨水管网直接排入河道,生活污水则由城市排水管网汇集并输送到污水处理厂,经过严格的污水处理流程,清除生活污水中含有的杂质,使水质达到排放标准或重复使用的要求。

雨污分流

政府方面如环保部门和财政部门可通过实施"以奖促治"政策，提高城镇居民的环境污染整治意识，通过连片整治的方式，集中解决饮用水安全、污水和垃圾问题。

## 11. 如何识别及防治畜禽养殖污染？

畜禽养殖的污染主要有三大污染源，即动物所产生的尿液、粪便，养殖产生的臭气以及畜禽养殖的水污染。目前，我国畜禽养殖业发展迅速，但存在布局不合理等问题，部分地区养殖产生的废物量超出环境的分解能力，畜禽养殖污染防治设施普遍配套不到位，大量畜禽粪便、污水等废弃物没有经过有效的处理就直接排放，导致环境污染。

养殖户要加强畜禽粪便管理，消除污染隐患；对畜禽粪便进行技术处理，提高畜禽粪便作为农业肥料的利用效率；利用粪便产生沼气，实现循环利用。政府可通过立法加强畜禽养殖业的环境监管，严防废弃物不当处理，保证合理处置污染物；协助养殖户建设与其产能规模相适应的废弃物贮存、雨污分流等污染防治设施；为畜禽粪便等废弃物的综合利用提供技术指导。

**畜禽养殖污染**

## 12. 如何识别及防治水产养殖污染？

水产养殖所产生的污染物主要有两类：一类是养殖生产投入品，主要为饵料、渔药和肥料的溶失；另一类是养殖生物的排泄物、残饵和养殖生物的死亡尸体等。

残余饵料、肥料或者各种养殖生物的排泄物及残骸等在分解过程中,会减少水体中的含氧量,并释放出氨氮、亚硝酸盐氮、硝酸盐氮等产物,从而增加水体中 COD、总氮、总磷、氨氮等含量,造成水体富营养化、水体含氧量降低、水质恶化等。

残余饵料、各类代谢物等非溶解部分会在池底沉积,经过一系列的化学反应后,会释放出硫化氢、甲烷等气体,增加水体中氮、磷等含量,最终导致生活与池底的生物组成与数量发生改变,进而影响养殖水域的生态环境。

养殖废水外排会对周围受纳水域环境造成一定污染,渔药等残留会导致水体中重金属含量增加的,在一定程度上可能对养殖鱼类造成毒性污染,从而影响生态平衡。

对水产养殖污染的处理,必须尽力控制和减少水产养殖自身污染物的产生,可采取如下措施:

(1)要制定明确的水产养殖污染源治理标准,重点抓好饵料、渔药的使用量及养殖废水排放标准,切实规范各种养殖行为。对于任意排放或超标排放者,要实施严格的处罚措施。

(2)要建立和完善养殖许可证制度,限制规模化养殖场和养殖许可证发放数量,并在发放前对养殖区域进行环境影响评估,确保养殖生产不会对周围环境质量和人们的生产生活造成影响。

(3)合理安排养殖结构,使其满足鱼类健康生长所需空间和基本进排水功能,并增强水质调控和净化能力,严格控制养殖密度,科学放养水产品种,合理适度投饵、用药,确保水质,保持良好的生态环境。

(4)以多种形式开展环保宣传教育,切实加强水产养殖人员环保意识及绿色养殖观念,使他们深刻认识到环境质量与他们自身的生存、发展息息相关。

## 13. 如何识别及处理农业面源污染?

(1)什么是农业面源污染

农业面源污染是指由沉积物、农药、废料、致病菌等分散污染源引起的对水层、湖泊、河岸、滨岸、大气等生态系统的污染。与点源污染相比,面源污染的时空范围更广,不确定性更大,成分、过程更复杂,更难以控制。当前,在我国农业活动中,不科学的经营理念和落后生产方式是造成农业环境面源污染的重要因素,如剧毒农药的使用、过量化肥的施撒、不可降解的农膜、露天焚烧秸秆、大型养殖场畜禽粪便不做无害化处理随意堆放等。这些污染源对环境的污染,尤其对水环境的污染影响最大。

(2)农业面源污染的防治措施

一般来说,可采取以下措施应对农业面源污染:

①加强对面源污染危害和原因的宣传,调动全民生态环境意识和参与意识,从根本上改善随意施用农药、化肥所带来的环境污染问题。

面源污染危害和原因宣传

②加强科技服务指导,通过宣传和培训,引导农民科学用药、合理施肥、慎用激素。倡导和鼓励农民减少农药、化肥使用量,积极探索生态农业发展道路。

③积极探索和引导农业综合利用技术,如发展秸秆综合利用,加工有机肥,用于沼气发电或制成各种装饰板材和一次成型家具等。

## 14. 如何识别及防治船舶港口污染?

(1)船舶港口污染的表现和危害

船舶港口污染物主要有石油、洗舱水、生活污水、生活垃圾等。

石油是港口水域的主要污染物,主要是由油船在装卸过程中的溢漏,船舶碰撞、搁浅等造成的。装运有毒化学品船舶的洗舱水,能直接杀死水生生物或使人中毒。船舶排出的生活污水,如厕所冲水等排入港口,能传播许多疾病。船舶排出的生活垃圾含有有机质和病菌;清舱垃圾中有的含有毒物质,如杀虫剂等。

船舶港口污染

(2)船舶港口污染的防治

加强船舶港口污染控制。积极治理船舶污染,依法强制报废超过使用年限的船舶。2021年起投入使用的船舶执行新的环保标准,其他船舶于2020年底前按照新标准完成改造,经改造仍不能达到要求的,限期予以淘汰。规范拆船行为,禁止冲滩拆解。

增强港口码头污染防治能力。编制实施港口、码头污染防治方案。加快垃圾接收、转运及处理处置设施建设,提高含油污水、化学品洗舱水等接收处置能力及污染事故应急处置能力。港口、码头的经营人应制定防治船舶及其有关活动污染水环境的应急预案。

## 15. 如何监管入河排污口?

目前,与排污口管理相关的法律法规包括《中华人民共和国水法》《中华人民共和国水污染防治法》《中华人民共和国河道管理条例》《河道管理范围内建设项目管理的有关规定》《入河排污口监督管理办法》《水功能区管理办法》等。其中,《入河排污口监督管理办法》(水利部第22号令)对入河排污口管理进行了全面规定,是对水法规中关于入河排污口管理职责的全面细化。安徽省在严格执行上位法的同时,尽可能在地方立法中因地制宜地对有关管理要求进一步进行了延伸和细化。

在法律法规的基础上,还要特别重视落实管理中的控制手段。《安徽省河道及水工程管理范围内建设项目管理办法(试行)》中规定:"河道及水工程管理范围内的建设项目,必须按照河道及水工程管理权限,经水行政主管部门或经授权的省级河道及水工程管理单位审查同意后,方可按照基本建设程序履行审批手续"。《安徽省湖泊管理保护条例》中规定:"在湖泊新建、改建、扩大排污口的",应当经有管辖权的水行政主管部门同意,由环境保护行政主管部门负责对该建设项目的环境影响评价文件进行审批;涉及通航、渔业水域的,环境保护部门在审批环境影响评价文件时,应当征求交通运输、渔业部门的意见。禁止在湖泊饮用水水源保护区内设置排污口,已设置的,由县级以上人民政府责令关闭或者限期拆除。禁止私设暗管或者采取其他规避监管的方式向湖泊排放水污染物。通过紧扣目前建设项目执行环境影响评价制度,使排污口审批成为环评审批乃至建设项目立项的必备程序,为水利部门的入河排污口审批提供了抓手,使其有了必须履行的制约条件。

# 16.如何治理黑臭水体?

黑臭水体的处理方法大致分为物理法、化学法以及生物法。物理法和化学法对于处理黑臭水体存在费用高的弊端,并且化学法存在二次污染的风险。但是目前国外的一些应用表明,物理法和化学法在一些处理实例中仍然效果良好,对于某些只采用生物法处理效果无法达标的污水有较好的作用。

(1)物理修复

目前,主要的物理处理方法包括截污、调水、清淤,以及机械除藻、引水稀释、人工造流等。

河流黑臭问题的本质是污染物输入超过了河流水环境容量,在流域尺度上采取污染源工程治理等截污措施,能够大幅度削减入河污染负荷,是消除黑臭问题的首要举措。

①污泥疏浚。疏浚即清淤,能较好地处理水底污泥,对污泥进行再利用,并且随着轻质疏浚材料及科学疏浚方法的发展,疏浚对水体产生的二次环境影响已经越来越小。

②河道曝气。河道曝气生态净化系统以水生生物为主体,辅以适当的人工曝气,建立人工模拟生态处理系统,以实现高效降解水体中的污染负荷、改善和净化水质的目的,是人工净化与生态净化相结合的工艺。

(2)化学修复

化学修复主要采用絮凝沉淀技术,该技术是指向城市污染河流的水体中投加铁盐、钙盐、铝盐等药剂,使之与水体中溶解态磷酸盐形成不溶性固体并沉淀至河床底泥中。但需要注意的是,化学絮凝法的费用较高,同时会产生较多沉积物,并且某些化学药剂具有一定的毒性,在环境条件改变时会形成二次污染。

（3）生物修复

生物修复具有很多优点,包括节约成本,处理效果好,不耗能或者耗能少,另外这种技术不会向水体投放药剂,避免了二次污染。

现阶段的生物修复技术比较繁多,大致可分为植物修复、动物修复、微生物修复。其中,微生物修复技术近几年来发展迅速,已经成为一种经济效益和环境效益俱佳的、能解决复杂环境污染问题的有效手段。

微生物处理方式以其巨大的优点,成为处理污水最为实用的方式。但是,如果单一投加微生物处理,仍然有溶解氧（DO）不足,氮磷去除效果不理想等缺点。因此,以目前的各种实验结果来看,综合采用物理、化学方法和生物修复法,才是最为现实并且效果最为理想的方式。对于某些特殊情况则可以根据处理要求以及经济条件进行适当调整。

## 17. 突发性水污染事件如何处理?

突发性水污染事件,是指由于行为人违反国家有关环境保护法律法规以及安全生产管理或操作规定,导致污染物排放严重超过规定的排放标准,使环境受到污染或破坏,从而影响人们的正常工作和生活,对国家财产和人民生命财产安全构成威胁的事实。

（1）《中华人民共和国水污染防治法》有关规定

《中华人民共和国水污染防治法》第六十八条规定:企业事业单位发生事故或者其他突发性事件,造成或者可能造成水污染事故的,应当立即启动本单位的应急方案,采取应急措施,并向事故发生地的县级以上地方人民政府或者环境保护主管部门报告。环境保护主管部门接到报告后,应当及时向本级人民政府报告,并抄送有关部门。

造成渔业污染事故或者渔业船舶造成水污染事故的,应当向事故发生地的渔业主管部门报告,接受调查处理。其他船舶造成水污染事故的,应当向事故发生地的海事管理机构报告,接受调查处理;给渔业造成损害的,海事管理机构应当通知渔业主管部门参与调查处理。

(2)《安徽省突发事件应对条例》对突发事件应急预案规定

《安徽省突发事件应对条例》第六条规定:省人民政府应当建立健全科学规范的突发事件应急预案体系,完善应急预案管理办法。

设区的市和县级人民政府应当根据有关法律、法规和上级人民政府的应急预案以及本地区的实际情况,制定突发事件总体应急预案和专项应急预案。

县级以上人民政府有关部门应当根据各自职责,制定突发事件部门应急预案。

乡(镇)人民政府、街道办事处应当根据实际情况,制定相应的突发事件应急预案,并指导居民(社区)委员会、村民委员会制定相应的突发事件应急工作方案。

《安徽省突发事件应对条例》第七条规定:下列单位应当制定突发事件具体应急预案:

①矿山、冶金、建筑施工、商贸等大型企业。

②易燃易爆物品、危险化学品、放射性物品等危险物品的生产、经营、储运、使用、处置单位。

③供水、排水、发电、供电、供煤、供油、供气、供热、交通运输、通信、广播电视、堤坝等生产、经营、管理单位。

④学校、幼儿园、图书馆、博物馆、影剧院、医院、体育场(馆)、宾馆、饭店、车站、码头、机场、娱乐场所、宗教活动场所、金融证券交易场所、旅游景区等公共场所和人员密集场所的经营、管理单位。

⑤大型群众性活动的主办单位。

⑥法律法规规定和国家总体应急预案要求制定具体应急预案的其他单位。

《安徽省突发事件应对条例》第十九条规定:县级以上人民政府应当建立突发事件信息报告员制度,聘请新闻媒体记者,居民(社区)委员会、村民委员会成员,派出所民警,社区或者乡(镇)卫生院医务人员,企业安全员,学校安全保卫人员等担任突发事件信息报告员。

公民、法人或者其他组织获悉突发事件信息,应当立即向当地人民政府,有关主管部门或者110、119、120等公共报警电话报告。有关人民政府和部门应当立即进行调查核实。

## 18. 饮用水水源地治理标准有哪些?

(1)排污口。饮用水水源一级、二级保护区内均不能存在排污口,现有排污口应关闭或搬迁。雨污分流彻底的城市雨水排口、排涝口,可暂不拆除或关闭,但应加强监测监管,在非降雨季节保持干燥清洁,在降雨时确保排水水质符合饮用水水源地水质保护要求。否则,应限期整改,逾期不能符合要求的,应拆除或关闭原排口。

(2)工业企业。饮用水水源一级、二级保护区内不能存在直接排放废水、废气、废渣的工业企业,以及不直接排放上述污染物但因员工生活产生污水和垃圾的工业企业,上述工业企业应当拆除或者关闭。

(3)码头。饮用水水源保护区内从事危险化学品或煤炭、矿砂、水泥等装卸作业的码头,应全部取缔或搬迁。其他码头中,一级保护区内工业码头,旅游码头和航运、海事等管理部门工作码头应拆除或关闭;二级保护区内无水上加油站,工业码头、旅游码头和航运、海事等管理部门工作码头应完善环境治理措施,生活污水、生活垃圾全部统一收集运至保护区外处理处置,否则,应取缔或搬迁。自来水厂取水趸船(码头)、水文趸船作为与供水设施和保护水源有关的建设项目,可以在饮用水水源保护区内存在。

(4)旅游餐饮。饮用水水源保护区内农家乐、宾馆酒店、餐饮娱乐等项目应拆除或关闭(包括一级、二级保护区)。

(5)交通穿越。饮用水水源二级保护区内乡级及以下道路和景观步行道应做好与饮用水水体的隔离防护,避免人类活动对水质的影响;县级及以上公路、道路、铁路、桥梁等应严格限制有毒有害物质和危险化学品的运输,开展视频监控,跨越或与水体并行的路桥两侧建设防撞栏、桥面径流收集系统等事故应急防护工程设施。穿越饮用水水源保护区的船只,应配置防止污染物散落、溢流、渗漏设备。

(6)农业面源污染。一级保护区内无畜禽养殖、网箱养殖、坑塘养殖、水面围网养殖、旅游、游泳、垂钓或者其他可能污染水源的活动,不得新增农业种植和经济林,保护区划定前已有的畜禽养殖、网箱养殖和旅游设施应拆除或者关闭,农业种植和经济林应严格控制化肥、农药等非点源污染,并逐步退出。二级保护区内农业种植和经济林应实行科学种植和非点源污染防治,排放污染物的规模化畜禽养殖场应拆除或关闭,分散式畜禽养殖圈舍应做到养殖废物全部资源化利用,且尽量远离取水口,不得向水体直接倾倒畜禽粪便和排放养殖污水。

(7)生活面源污染。原住居民住宅允许在饮用水水源保护区内保留,其生产的生活污水和垃圾必须收集处理;仅针对原住居民的非经营性新农村建设、安居工程建设项目,可在饮用水水源二级保护区内保留,但产生的生活污水和垃圾必须进行收集处理。为上述情形配套建设的污染处理设施可以在饮用水水源保护区内保留,但处理后的污水原则上应引到保护区外排放,不具备外引条件的,可通过农田灌溉、植树、造林等方式回用或排入湿地进行二次处理。

## 19. 水产种质资源保护区治理标准有哪些?

根据安徽省环境保护委员会办公室印发《生态区域违法建设问

题整治标准》,水产种质资源保护区治理标准如下:

(1)进行违法违规经济和建设活动危害水生生物,影响保护区结构与功能的行为,责令整改,恢复原状,涉及违法违规的,依法依规查处。

(2)水产种质资源保护区建立后,2015年1月1前擅自开工的建设项目,责令停止建设,限期补办手续或恢复原状。2015年1月1日后开工建设,或者2015年1月1日之前已经开工建设且之后仍然进行建设的,责令停止建设,恢复原状,并依法依规查处。手续齐全,但补偿资金与生态修复措施不落实的,责令限期改正。

(3)水产种质资源保护区建立后,在保护区范围从事围湖造田、围垦行为,责令改正,恢复原状,涉及违法违规的,依法依规查处。

(4)在水产种质资源保护区内新建排污口,在水产种质资源保护区附近新建、改建、扩建排污口,或者任何导致保护区水体污染的行为,责令排除危害,赔偿损失,造成污染事故的依法查处。

(5)在水产种质资源保护区内核心区进行水产养殖以及其他违法违规水产养殖行为,责令改正,限期拆除养殖设施或补办手续,涉及违法违规的,依法依规查处。

(6)进行电炸毒鱼活动以及其他违法违规捕捞行为的,依法取缔,涉及违法违规的,依法依规严肃查处,构成犯罪的,移送司法机关追究刑事责任。

## 20. 湖泊违法建设问题治理标准有哪些?

根据安徽省环境保护委员会办公室印发《生态区域违法建设问题整治标准》,湖泊管理范围内违法建设问题整治标准如下:

(1)矮围

①拆除违法建筑的矮围及其配套建筑物,土堤矮围铲平至湖泊地面原状。

②拆除矮围内违法建设的各类设施,取缔相关非法经济活动。

（2）网围

拆除湖泊管理范围内违法建设的围网及其辅助建筑物、构筑物，取缔各类相关非法经济活动。

（3）围湖造地

整治违法围湖造地、围湖造田、填湖造地、铲除围湖堤埂至原状高程，拆除地面建筑物、构筑物，实施退地、退田还湖。

（4）侵占湖泊

①拆除湖泊管理范围内违法侵占湖泊所修建的建筑物、构筑物。

②清理湖泊管理范围内垃圾和固体废弃物，清理水库大坝周边垃圾。

③拆除湖泊管理范围内违法筑坝拦叉等侵占湖泊水域及岸线所修建的建筑物、构筑物。

④整治湖泊管理范围内矮围、网围、围湖造地、侵占湖泊现象，拆除的所有固体废弃物运出湖泊管理范围以外，恢复湖泊自然状态。

（5）非法采砂

①全面整治湖泊非法采砂活动。

②全面清除湖泊非法堆砂场。

③全面清理湖泊内停靠的非法采砂船舶，清除非法采砂运砂设施设备。

# 21. 河道违法建设问题治理标准有哪些？

（1）**违法占用河道、行洪通道**

①拆除河道、行洪通道内违法建设的建筑物、构筑物，恢复行洪能力。

②拆除违法占用河道滩地构筑圩垸、抬高滩地地面、围滩养殖、网围、设置拦河渔具等影响河道行洪的建筑物及设施设备，铲平围滩所构筑的堤埂，恢复河道原状。

③全面清除河道管理范围内种植阻碍行洪的林木及高秆作物（护堤护岸林除外）。

④清理河道管理范围内垃圾、堆放的固体废物。

（2）影响行洪安全，破坏水利工程安全

①拆除河道管理范围内各类违法建筑物、构筑物及其他影响河道行洪安全的涉河建设项目，拆除或改建影响行洪安全的桥梁、码头、道路等。

②整治防洪影响处理未实施或实施不到位，对堤防、水库大坝及其他水工程安全产生不利影响的各类涉河建设项目，责成实施到位。

③拆除和清理水库溢洪道上修建的影响行洪的道路、阻水、拦水建筑物、构筑物以及临时性壅高水库水位的堆体、拦鱼设施等，恢复水库溢洪道涉及溢洪断面。拆除水库下游泄洪河道中的各类阻水及影响水库调度、河道行洪的建筑物、构筑物，恢复下游河道行洪设计断面。

④清理和整治在河道堤防（包括堆土区）、水库大坝上垦种、堆放杂物以及打井、取土、堤（坝）脚挖塘养殖、堤（坝）身种树等影响水工程安全的经济活动，拆除设施设备，恢复水工程原状。

⑤全面清理河道管理范围内束窄行洪通道，影响行洪安全和水生态水环境的各类经济活动，保障河道行洪安全。

⑥严厉打击各类破坏水工程的行为。拆除堤防管理范围内（包括堆土区）、水库大坝等水工程管理范围内的违法建设的建筑物、构筑物。停止违法行为，修复水工程，恢复工程原状。

开展河道管理范围内违法占用河道、行洪通道、影响行洪安全、破坏水利工程安全整治，形成的固体废弃物运出河道管理范围以外，恢复河道自然状态。

（3）非法采砂

①全面整治河道非法采砂。

②全面清理河道非法堆砂场。

③全面清理河道内停靠的非法采砂船舶,清理非法采砂运砂设施设备。

## 22. 重要湿地违法建设整治标准有哪些?

(1)开矿。关停矿口,对矿区及其周边环境进行整治,重建或者修复已退化的湿地生态系统,恢复湿地生态功能。

(2)开垦。停止开垦,进行生态修复,修复已退化的湿地生态系统。

(3)采砂。停止采砂,对采砂区域进行整治,进行生态修复,恢复湿地生态功能。

(4)采集。停止非法采集,通过补植补造、生境修复等方式,恢复种群。

(5)排污。排放或者倾倒有毒有害物质、废弃物的,停止违法行为,限期采取治理措施,消除污染;排放未达标废水的,停产整治。

(6)建设项目。严禁在湿地公园从事违背相关管理规定和不符合主体功能定位的建设活动。对于违规建设的,限期拆除,并实施生态修复工程,恢复生态功能。

(7)码头。拆除非法构建的各种码头,对码头区域的岸线实施植被修复,构建湿地生态驳岸。

(8)风力发电、光伏发电。严禁在湿地公园从事违背相关管理规定和不符合主体功能定位的开发活动。对于已建成的风力发电,光伏发电工程,限期拆除,并实施生态修复工程,恢复湿地生态功能。

## 23. 生态保护红线区域治理标准有哪些?

(1)2018 年 6 月 27 日以后,在生态保护红线内审批的工业类、房地产类项目禁止建设。已经批准尚未建设的,停止建设。

（2）制定方案，停止矿产资源开发活动，并实施生态恢复。

（3）制定方案，关闭生产《环境保护综合名录 2017 版》所列高污染、高环境风险产品的活动，并实施生态恢复。

（4）制定方案，关闭生产经营《环境污染强制责任保险管理办法》所指的环境高风险生产经营活动，并实施生态恢复。

（5）制定方案，关闭纺织印染、制革、造纸印刷、石化、化工、医药、非金属、黑色金属、有色金属等制造业活动，并实施生态恢复；停止大规模农业开发活动，包括大面积开荒、规模化养殖、捕捞活动，并实施生态恢复。

（6）停止对生态保护红线内的森林进行商业性采伐，停止非法开垦、采石、采砂、取土、移植大树，采挖珍贵植物、建设构筑物和永久性建筑物、倾倒或堆放生产和生活废弃物，以及其他毁林行为等，并实施生态恢复。在一级国家级公益林范围内禁止打枝、采脂、割漆、剥树皮、掘根等，原则上不得开展生产经营活动。

（7）生态保护红线内的湖泊、河流、湿地执行湖泊、河道、湿地排查整治标准。

生态保护红线

# 第四篇

巡河篇

## 1. 河湖长巡河有哪些要求？

（1）总河长、副总河长开展巡河督导，由全面推行河长制办公室（简称"河长办"）负责做好巡河准备工作。河（湖）长对责任河湖的巡河，由河长协助单位负责做好巡河准备工作。各级河（湖）长及协助单位、河长办应及时、准确地掌握河湖的相关信息，有针对性地开展巡河，保证巡河成效。

（2）各级河（湖）长要加大对责任河湖的巡河力度。原则上，省级河（湖）长每年巡河不少于一次，市级河（湖）长每半年巡河不少于一次，县级河（湖）长每季度巡河不少于一次。对问题较多的河湖，应加大巡查频次。

（3）采取定期巡查和不定期巡查、明察暗访、委托第三方服务进行现场取样和现场抽检等方式开展常规巡河和专项巡河。结合年度重点工作安排，组织开展常规巡河，全面检查责任河湖工作开展情况；针对河湖存在的突出问题以及问题整改落实等情况，组织开展专项巡河，协调解决河湖管理保护有关问题。

（4）河（湖）长巡河应当及时整理巡河记录，建立巡河台账，包括巡河时间、人员、路线、发现问题及处理情况等内容,保存必要影像资料。巡河发现的各类问题及处理情况应报相应的河长办备案。

(5)建立河(湖)长巡河履职月报制度,各市河长办要按月上报本市各级河(湖)长巡河履职情况。

## 2. 河湖长巡河有哪些内容?

河湖长巡河应坚持问题导向,以乱排、乱占、乱采、乱堆、乱建等突出问题为重点,对责任河湖进行全面巡查,重点检查以下内容:

(1)河(湖、库)岸保洁是否到位;河(湖、库)面是否有漂浮垃圾、废弃物、病死动物;河(湖、库)底有无明显污泥、垃圾淤积或障碍物。

(2)河(湖、库)水体有无异味,颜色是否异常(如发黑、发黄、发白等)。

(3)是否有新增入河(湖、库)排污口;入河(湖、库)排污口排放废水的颜色、气味是否异常;相关监控设备设施是否运转正常;雨水排放口有无污水排放;汇入入河排污口(水)的工业企业、畜禽养殖场、污水处理设施、服务行业企业等是否存在明显异常排放情况。

(4)河道沿岸餐饮服务业、工业企业、农业养殖、居民等是否存在直排废污水;是否存在向河湖库内倾倒垃圾和固体废弃物。禁养区内的养殖场和养殖户是否按规定关闭或搬迁,规模化养殖废弃物贮存、处理、利用设施是否达标。

(5)河湖管理范围内是否存在违法建(构)筑物、违法堆场、围垦、填堵河湖以及其他侵占河湖的行为;河湖水域岸线有无人为破坏或崩塌、滑坡现象。

(6)是否有非法采砂现象;是否存在违法违规围网、栏网、网箱养殖及非法电鱼、毒鱼、炸鱼等破坏水生态环境的行为。水电站是否按规定下泄生态流量。

(7)河(湖、库)长公示牌设置是否规范,信息是否及时更新,是否存在倾斜、破损、变形、变色、老化、被遮挡等影响使用的问题。

（8）历次巡河发现的问题是否解决到位。

（9）是否存在其他影响水安全、水环境、水生态的问题。

## 3. 发现侵占河道现象如何处理？

（1）认定是否侵占河道。侵占河道的表现为：①在河道内弃置。堆放阻碍行洪的物体，种植阻碍行洪的林木及高秆作物，或未经批准围垦河道。②在河道管理范围内建设妨碍行洪的建筑物、构筑物，或者从事危害河岸堤防安全、妨碍河道行洪的活动。③未经水行政主管部门或者流域管理机构同意，擅自修建水工程，或者建设桥梁、码头和其他拦河、跨河、临河建筑物、构筑物，铺设跨河管道、电缆。④虽经水行政主管部门或者流域管理机构同意，但未按照要求修建前款所列的工程设施。

（2）依据职权，责令停止违法行为

（3）限期清除障碍，拆除违建物，或者采取其他补救措施。

（4）逾期不拆除、不恢复原状的，依法强行拆除，所需费用由违法单位或者个人负担。

（5）按照情节轻重处一万元以上十万元以下的罚款。

## 4. 发现围垦湖泊现象如何处理？

（1）依据职权，责令停止违法行为，恢复原状。

（2）按照情节轻重处以五万元以下罚款。

（3）拒不恢复原状的，由县级以上水行政主管部门指定有关单位代为恢复原状，所需费用由责任人承担。

## 5. 发现圈圩养殖如何处理？

（1）依据职权，责令停止违法行为。

（2）恢复原状。

（3）拒绝恢复原状的，由水行政主管部门指定单位代为恢复原状,所需费用由违法者承担。

（4）按照情节轻重处以一千元以上五万元以下的罚款。

圈圩

## 6.发现非法采砂如何处理？

（1）河道非法采砂形式

①未办理河道采砂许可证,擅自在河道或湖泊采砂;

②虽持有河道采砂许可证,但在禁采区、禁采期采砂;

③运砂船舶在采砂地点装运非法采砂船舶偷采江砂的,属于与非法采砂船舶共同实施非法采砂行为。

（2）处理流程

①依据职权,责令停止违法行为;

②没收违法所得和非法采砂机具,情节严重的扣押或没收非法采砂船舶;

③从事非法采砂活动的单位和个人拒不接受处理或者逃离现场的,水行政主管部门有权将非法采砂船舶拖至指定地点,并依法

处理,因此发生的费用由责任人承担;

　　④按照情节轻重,处一千元以上三十万元以下的罚款;

　　⑤持有河道采砂许可证违法采砂的,除给予处罚外,吊销河道采砂许可证;

　　⑥采砂单位和个人阻碍国家机关及其工作人员依法执行职务,由公安机关依法给予治安管理处罚;

　　⑦构成犯罪的,由司法机关追究刑事责任。

**非法采砂**

## 7. **发现违法取水如何处理**?

　　(1)违法取水形式

　　根据《中华人民共和国水法》《取水许可和水资源费征收管理条例》《取水许可管理办法》,下列行为属于违法取水:

　　①未经批准擅自取水,或未依照取水许可规定取水;

②未取得取水申请批准文件,擅自建设取水工程或者设施;

③申请人隐瞒有关情况或者提供虚假材料,骗取取水申请批准文件或者取水许可证;

④拒不执行审批机关做出的取水量限制决定,或者未经批准擅自转让取水权;

⑤不按照规定报送年度取水情况,退水水质达不到规定要求,拒绝接受监督检查或弄虚作假;

⑥未安装计量设施或计量设施不合格;

⑦取水单位或个人拒不缴纳、拖延缴纳或者拖欠水资源费;

⑧取水单位或者个人擅自停止使用节水设施的,擅自停止使用取退水计量设施,或不按规定提供取水、退水计量资料。

(2)处理流程

①依据职权,责令停止违法行为;

②限期采取补救措施,或者补办相关手续,并补缴水资源费;

③逾期不补办或者补办未被批准的,责令限期拆除或者封闭其取水工程或者设施;

④逾期不拆除或者不封闭其取水工程或者设施的,由县级以上地方人民政府水行政主管部门或者流域管理机构组织拆除或者封闭,所需费用由违法行为人承担;

⑤根据情节轻重,处二万元以上十万元以下罚款;

⑥对于在申请取水证过程中提供虚假信息的,取水申请批准文件或者取水许可证无效,对申请人给予警告,责令其限期补缴应当缴纳的水资源费,处二万元以上十万元以下罚款,构成犯罪的,依法追究刑事责任;

⑦对于上述违法取水行为中①、④、⑤、⑥,情节严重的,吊销其取水许可证。

# 8.发现非法养殖如何处理?

(1)非法养殖形式

根据《中华人民共和国河道管理条例》《安徽省湖泊保护条例》,下列行为属于非法养殖:

①在规划养殖面积之外开展养殖项目;

②在湖泊保护范围内圈圩养殖;

③在堤防管理范围内挖塘养殖。

(2)处理流程

①对在规划养殖面积之外的原有养殖项目,应当在规划批准之日起五年内分期分批停止实施,停止实施计划由县级以上地方人民政府制定。

②已经围垦或者圈圩养殖的,有管辖权的人民政府应当按照相关规划要求,制定实施退地还湖、退耕还湖、退圩还湖方案。方案实施前,不得再加高加宽圩堤,不得转作他用。

③对挖塘养殖的,县级以上地方人民政府河道主管机关责令纠正违法行为、赔偿损失、采取补救措施,并处警告、罚款。

# 9.入河排污口监管不到位如何处理?

(1)对排污口设置的规定

《中华人民共和国水法》和《中华人民共和国水污染防治法》对于排污口设置均做了明确规定。其中,《中华人民共和国水法》第三十四条规定:禁止在饮用水水源保护区内设置排污口;在江河、湖泊新建、改建或者扩大排污口,应当经过有管辖权的水行政主管部门或者流域管理机构同意,由环境保护部门主管部门负责对该建设项目的环境影响报告书进行审批。《中华人民共和国水污染防治法》第十七条规定:建设单位在江河、湖泊新建、改建、扩建排污口的,应当取得水行政主管部门或者流域管理机构同意。第二十三条规定:向水体排放污染物的企业、事业单位和个体工商户,应当按照法律、行政法规和国务院环境保护主管部门的规定设置排污口;在江河、湖泊设置排污口的,还应当遵守国务院水行政主管部门的规定。禁止私设暗管或者采取其他规避监管的方式排放水污染物。

水利部《入河排污口监督管理办法》第六条规定：设置入河排污口的单位（下称排污单位），应当在向环境保护行政主管部门报送建设项目环境影响报告书（表）之前，向有管辖权的县级以上地方政府水行政主管部门或者流域管理机构提出入河排污口设置申请。

依法需要办理河道管理范围内建设项目审查手续或者取水许可审批手续的，排污单位应当根据具体要求，分别在提出河道管理范围内建设项目申请或者取水许可申请的同时，提出入河排污口设置申请。

依法不需要编制环境影响报告书（表）以及依法不需要办理河道管理范围内建设项目审查手续和取水许可手续的，排污单位应当在设置入河排污口前，向有管辖权的县级以上地方人民政府水行政主管部门或者流域管理机构提出入河排污口设置申请。

（2）对非法设置排污口的处罚

《中华人民共和国水法》第六十七条规定，在饮用水水源地保护区内设置排污口的，由县级以上地方人民政府责令限期拆除、恢复原状；逾期不拆除、不恢复原状的，强行拆除、恢复原状，并处五万元以上十万元以下的罚款。

未经水行政主管部门或者流域管理机构审查同意，擅自在江河、湖泊新建、改建或者扩大排污口的，由县级以上人民政府水行政主管部门或者流域管理机构依据职权，责令停止违法行为，限期恢复原状，处五万元以上十万元以下的罚款；逾期不拆除的，强制拆除，所需费用由违法者承担，处五十万元以上一百万元以下的罚款，并可以责令停产整顿。

除前款规定外，违反法律、行政法规和国务院环境保护主管部门的规定设置排污口或者私设暗管的，由县级以上地方人民政府环境保护主管部门责令限期拆除，处二万元以上十万元以下的罚款；逾期不拆除的，强制拆除，所需费用由违法者承担，处十万元以上五十万元以下的罚款;私设暗管或者有其他严重情节的,县级以上地方人民政府环境保护主管部门可以提请县级以上地方人民政府责令停产整顿。

未经水行政主管部门或者流域管理机构同意,在江河、湖泊新建、改建、扩建排污口的,由县级以上人民政府水行政主管部门或者流域管理机构依据职权,依照前款规定采取措施、给予处罚。

## 10. 对重点河湖、水域岸线动态监测的手段有哪些?

为了加强对重点河湖、水域岸线的动态监测,必须注重传统监测技术与新型技术的结合运用。

(1)水质站网监测

水质监测站网是开展水质监测工作的基础。我国自 1974 年开始筹建水质监测化验室,截至 2003 年,水利系统已建成由水利部、流域、省及其地(市)水环境监测中心及分中心共 251 个监测机构组成的四级水质监测体系;水质监测站点有 3 240 处,基本覆盖了全国主要江河湖库。水质监测站网的布设多采用划区设站法,即首先根据水质状况划分若干个自然区域;其次,按人类活动影响程度划分次数区;最后,按影响类别进一步划出类型区。每个区域设站的数目要根据该区域面积大小、水资源的实际价值以及设站的难易程度来确定。各类型区设站的具体数目要考虑区域的特殊性、重要性、地区大小、污染特征、污染影响等因素。

(2)水利"3S"技术监测

目前,"3S"技术已广泛应用于水利工作中。"3S"即 RS 遥感系统、GPS 全球卫星定位系统、GIS 地理信息系统。

遥感可以理解为遥远的感知,一切无接触的远距离探测都可以称为遥感,如使用人造卫星、气球、飞机拍摄成像等。如比对不同时间长江沿线岸线遥感照片,可以了解非法码头、堆场、违章建筑等整治进展,还可用来比对巢湖蓝藻暴发和得到控制后的湖面遥感图像。

GPS 系统是利用 GPS 定位卫星,在全球范围内进行实时定位、导航的系统。

地理信息系统(GIS)是在计算机硬、软件系统支持下,对整个或部分地球表层(包括大气层)空间中的有关地理分布数据进行采集、储存、管理、运算、分析、显示和描述的技术系统。

"3S"技术在河湖长制工作中得到了广泛应用,包括对洪灾和旱灾的监测与评估;流域土壤侵蚀和水土保持;水库、湖泊、河口水下地形测量;泥石流预报、干旱地区水资源分析、水库移民环境容量分析以及水利工程的环境影响评价;河道、海岸演变分析等。

(3)无人机监测

无人机监测系统具有安全稳定、使用便捷等优点,更使测量成果的精度误差缩小至 5 厘米。它可以克服天气等诸多不利因素,开展测绘作业。除在河湖管理中可发挥重要作用外,还可广泛用于灾害应急快速响应、河湖资源开发利用监测、水系的带状测图及基础测绘和区域土地规划等领域。

MODIS卫星影像接收系统

TOPCON固定翼无人机

大疆INSPIREI四旋翼无人机

遥感数据处理中心

SVC光谱仪

多波束探测仪

**河湖遥感监测手段**

目前,河湖遥感监测手段已广泛应用至我省河湖长制监测工作中。例:2015年7月至今,MODIS卫星接收设备主要是用于巢湖蓝藻(水华)现象常态化监测,利用水体提取技术和水体叶绿素遥感反演技术,对巢湖观测日蓝藻覆盖面积、空间分布情况等变化趋势进行持续观测。TOPCON固定翼无人机已被应用于大范围地区的水域岸线管护状况调查、涉水项目前期勘测、工程实施情况监测以及入河排污口整治、涉河湖违章建筑、码头堆场整治、固废整治等河湖长制任务成效监测。水下多波束测深系统,主要应用于河湖水下三维地形、纵横断面、水下采砂区对浅层地质破坏监测与分析评估。

## 11. 巡河发现问题如何整改

河(湖)长巡河过程中发现问题的,应当及时协调督促处理解决,按照以下程序处理:

(1)属于职权范围内的,由河(湖)长督促相关部门或下级河(湖)长限期处理;河长办根据安排,及时向相关责任主体发送督办告知函,相关责任主体应限期落实整改措施,并通过书面形式反馈河长办。对于重大和疑难问题,要及时提请本级总河长协调解决。属于职权范围外的,应当及时提请上级河(湖)长或河长办协调解决。

(2)对问题整改执行不力的责任部门或单位,实行挂牌督办,采取约谈、通报批评等方式督促整改,确保整改工作及时、到位。

(3)各级河长办接到群众举报投诉,应当做好相关记录,安排人员核实,参照巡河发现问题的处理程序进行处理,并及时将处理情况反馈给举报投诉人。

## 12. 巡河 APP 如何使用?

巡河 APP 使用页面如下:

**开始巡河**

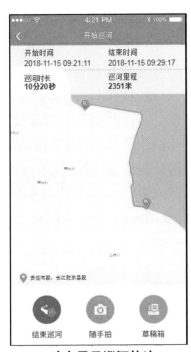

**动态显示巡河轨迹**

发现问题随手拍上报

巡河问题详情记录

巡河轨迹回放

巡河轨迹记录

# 第五篇

## 考核篇

## 1. 什么是河湖长制暗访?

为深入推进河湖长制落地见效,进一步规范河湖长制暗访工作,切实提高暗访工作的针对性和实效性,根据《安徽省全面推行河长制工作方案》《关于在湖泊实施湖长制的意见》等文件精神和《安徽省全面推行河长制工作督查制度(试行)》等制度要求,需开展河湖长制暗访工作。

## 2. 河湖长制暗访检查哪些内容?

(1)党中央、国务院和国家部委关于河湖长制工作的重大决策部署贯彻落实情况;

(2)省委、省政府关于河湖长制工作的决策部署贯彻落实情况;

(3)上级领导批示及上级部门督办事项落实情况;

(4)河湖长制主要任务、年度重点工作贯彻落实情况;

(5)对中央和省级环保督查反馈问题整改、水污染防治攻坚战、固体废物非法倾倒等有关要求的贯彻落实情况;

（6）突出问题整改情况；

（7）河长、湖长,河长会议成员单位履职情况；

（8）河湖日常管理和保护情况；

（9）河湖长制公示牌设置、更新、管护等情况；

（10）投诉举报事项处理情况；

（11）上级督查、暗访发现问题整改落实情况；

（12）其他需要暗访的事项。

## 3. 河湖长制暗访检查有哪些工作程序?

（1）制定方案。根据工作实际,制定具体工作方案,确定时间、地点、任务和要求等。

（2）组织培训。暗访前,可根据需要组织相关暗访人员进行培训,明确工作要求、任务分工和注意事项。

（3）现场检查。对照工作标准和要求,深入细致地开展检查,对发现的问题,认真填写暗访工作现场记录表,做好相关取证工作,包括图片、视频、录音及采样等。

（4）提交报告。暗访结束后,由暗访组根据暗访情况,在 5 个工作日内完成报告,具体包括暗访过程、现场发现的问题、典型经验和好的做法,经暗访组负责人确认后,与现场记录表、相关取证内容一并提交省河长办。

（5）反馈意见。省河长办根据暗访组提交的报告,以"一市一单"的形式反馈暗访情况,提出整改意见。一般问题,反馈至有关市河长办;重大问题,致函有关市政府办公室（厅）,抄市级总河长,报省级总河长、副总河长、省级河长、湖长。

（6）督办整改。省河长办对暗访发现的问题进行跟踪督办,逐一整改销号。对突出问题,实行挂牌督办,视情况采取约谈、通报的方式督促整改。各市收到"一市一单"后,于 15 个工作日内向省河长办书面上报问题整改落实情况。省河长办适时开展"回头看",坚决防止整改不彻底、落实不到位和问题反弹等情况的发生。

（7）建立台账。建立暗访工作台账，按照"发现一处、清理一处、销号一处"的要求，及时整理全过程资料，问题销号后归档保存。

**全面推行河（湖）长制暗访工作现场记录表**

| 暗访时间 | | 年 月 日 时至 年 月 日 时 | | |
|---|---|---|---|---|
| 暗访地点 | | 市县（市、区）乡（镇）村 | | |
| | | 河段（湖泊） | | |
| | 地理坐标 | 经度 度 分 秒 | | |
| | | 纬度 度 分 秒 | | |
| 发现问题 | | （水资源保护、水域岸线管护、水域空间管控、水污染防治、水环境治理、水生态修复及其他） | | |
| 问题具体描述 | | | | |
| **暗访地河（湖）长信息** | | | | |
| 市级河（湖）长 | | | 职务 | |
| 县级河（湖）长 | | | 职务 | |
| 乡级河（湖）长 | | | 职务 | |
| 村级河（湖）长 | | | 职务 | |

暗访组组长（签名）

暗访组成员（签名）

暗访记录人（签名）

# 4. 河湖长制暗访典型问题有哪些

水利部办公厅《关于明确全国河湖"清四乱"专项行动问题认定及清理整治标准的通知》(办河湖〔2018〕245 号)文件明确"乱占""乱采""乱堆""乱建"问题的认定标准。结合水利部、省河长办历次暗访发现问题典型实例,暗访问题主要有八种类型。

(1)"乱占"问题

主要包括围垦湖泊;未依法经省级以上人民政府批准围垦河道;非法侵占水域、滩地;种植阻碍行洪的林木及高秆作物等。

(2)"乱采"问题

主要包括未经许可在河道管理范围内采砂,不按许可要求采砂,在禁采区、禁采期采砂;未经批准在河道管理范围内取土等。

(3)"乱堆"问题

主要包括河湖管理范围内乱扔乱堆垃圾;倾倒、填埋、贮存、堆放固体废物;弃置、堆放阻碍行洪的物体等。

(4)"乱建"问题

主要包括水域岸线长期占而不用、多占少用、滥占滥用;未经许可和不按许可要求建设涉河项目;河道管理范围内修建阻碍行洪的建筑物、构筑物等。

(5)"乱排"问题

主要包括集中式饮用水水源地排污、生活污水、工业废水、养殖废水等排入河道等。

(6)"非法养殖"问题

主要包括河道、水库、湖面等水域围网养殖、网箱养鱼等。

(7)公示牌问题

主要包括公示牌损坏倾倒;公示电话号码错误、无人接听且无回复、号主已调任或辞职等。

(8)其他问题

主要包括一些河湖管理范围内其他影响河湖健康的问题。

## 5. 如何整改督查暗访发现的问题？

（1）集中整治立行立改。对于上级河长办组织的督查暗访过程中发现并反馈的问题，地方人民政府河长办应督促协调涉及的相关部门、下级人民政府立即组织自查自纠，查找问题所在位置，了解问题原因，对于短期内能整改完成、见效快的问题，按照相关行业管理要求和有关规定，集中一段时间，开展集中整治活动，有效地改善周边生态环境。

（2）统筹规划综合治理。对于近期不能整改到位，整改难度大、周期长的问题，要结合相关规划要求统筹谋划该区域的综合治理措施。因地制宜地编制综合治理规划方案，按照总体规划、分步实施的思路，积极推进项目实施，逐步创造条件，不断提升人民群众的获得感、幸福感、安全感。

（3）严格标准规范管理。严格按照河湖及水工程管理相关标准，加强河湖及水工程管理，尽快实现从粗放式管理向精细化管理转变。按期完成河湖及水利工程管理保护范围划定工作，明确管理主体，落实管理责任。城区范围内要严格按照城市市容管理的相关规定进行管理，城乡结合部要做到环境优美。进一步加大管理力度，落实管理措施，做到举一反三，坚决防止"脏乱差"现象回潮。

## 6. 什么是河湖长制考核？

全面推行河湖长制是落实绿色发展理念、加快推进生态文明建设的内在要求，是保障国家水安全的制度创新。河湖长制考核是落实河湖长制工作的重要抓手，是对各地河湖长制年度工作成效的重要检验，考核结果是省级总河长科学决策的重要依据。

河湖长制考核，分为上级对下级河湖长的考核和政府对同级河湖长制办公室组成部门的考核。根据《安徽省全面推行河长制工作方案》,县级及以上河湖长负责组织对相应河湖下一级河长进行考核,考核结果作为地方党政领导干部综合考核评价的重要依据;县级及以上人民政府对各河湖长组成部门要进行年度考核,考核结果纳入年度绩效考核评价中。

## 7. 实施河湖长制考核的依据是什么?

中共中央办公厅国务院办公厅印发《关于全面推行河长制的意见》和中共安徽省委办公厅安徽省人民政府办公厅印发《安徽省全面推行河长制工作方案》中要求强化考核问责,要根据不同河湖存在的主要问题,实行差异化绩效评价考核,将领导干部自然资源资产离任审计结果及整改情况作为考核的重要参考;县级及以上河长负责组织对相应河湖下一级河长进行考核,考核结果作为地方党政领导干部综合考核评价的重要依据;实行生态环境损害责任终身追究制,对造成生态环境损害的,严格按照有关规定追究责任。

中共中央办公厅、国务院办公厅印发《关于在湖泊实施湖长制的指导意见》和中共安徽省委办公厅、安徽省人民政府办公厅印发《关于在湖泊实施湖长制的意见》中要求严格考核问责,根据不同湖泊存在的主要问题,实行差异化绩效评价考核;要建立健全考核问责机制,县级及以上湖长负责组织对相应湖泊下一级湖长进行考核,把考核与领导干部自然资源资产离任审计有机地结合起来,把考核结果作为地方党政领导干部综合考核评价的重要依据;实行湖泊生态环境损害责任终身追究制,对造成湖泊面积萎缩、水体恶化、生态功能退化等生态环境损害的,严格按照有关规定追究相关单位和人员的责任。

## 8. 河湖长制国家部委考核有哪些重要指标?

(1)中期评估重要指标

## 全面建立河长制工作中期评估指标体系

| 序号 | 准则层 | | 指标层 | |
|---|---|---|---|---|
| | 评估内容 | 分值 | 评估指标 | 分值 |
| 1 | 工作方案到位 | 25 | 省、市、县、乡四级河长制工作方案印发情况 | 12 |
| | | | 省、市、县三级河长制工作方案质量 | 8 |
| | | | 全面推行河长制实施范围 | 2 |
| | | | 六项任务细化实化情况 | 3 |
| 2 | 组织体系和责任落实到位 | 30 | 总河长设立及公告情况 | 8 |
| | | | 分级分段河长设立及公告情况 | 10 |
| | | | 河长制办公室设置情况 | 8 |
| | | | 河长制办公室履职情况 | 2 |
| | | | 河长公示牌设置情况 | 2 |
| 3 | 相关制度和政策措施到位 | 15 | 省级六项制度建立 | 6 |
| | | | 省级政策措施逐步完善 | 3 |
| | | | 市级相关制度文件制定及出台 | 3 |
| | | | 县级相关制度文件制定及出台 | 3 |
| 4 | 监督检查和考核评估到位 | 10 | 监督检查开展情况 | 4 |
| | | | 监督检查意见的整改落实情况 | 2 |
| | | | 社会公众参与监督情况 | 4 |
| 5 | 开展的基础性工作 | 8 | 河湖名录编制 | 2 |
| | | | "一河一策"编制 | 2 |
| | | | 信息系统建设 | 2 |
| | | | 法规建设 | 1 |
| | | | 其他制度建设 | 1 |
| 6 | 河湖管理保护成效 | 12 | 河道垃圾清理及保洁 | 2.5 |
| | | | 河湖管理保护综合执法 | 3 |
| | | | 河湖管理范围划定 | 2.5 |
| | | | 河湖综合治理与生态修复 | 2.5 |
| | | | 河湖水环境质量改善 | 1.5 |
| | 合计 | 100 | | 100 |

（2）总结评估重点指标

**全面推行河长制湖长制总结评估指标体系**

| 序号 | 准则层 | | 指标层 | |
|---|---|---|---|---|
| | 评估内容 | 分值 | 评估指标 | 分值 |
| 1 | 河（湖）长制组织体系建设 | 25 | 总河长设立和公告情况 | 4 |
| | | | 河（湖）长设立和公告情况 | 9 |
| | | | 河（湖）长制办公室建设情况 | 9 |
| | | | 河（湖）长公示牌设立情况 | 3 |
| 2 | 河（湖）长制制度及机制建设情况 | 15 | 省、市、县六项制度建立情况 | 4 |
| | | | 工作机制建设情况 | 8 |
| | | | 河湖管护责任主体落实情况 | 3 |
| 3 | 河（湖）长履职情况 | 12 | 重大问题处理 | 8 |
| | | | 日常工作开展 | 4 |
| 4 | 工作组织推进情况 | 16 | 督查与考核结果运用情况 | 6 |
| | | | 基础工作开展情况 | 6 |
| | | | 宣传与培训情况 | 4 |
| 5 | 河湖治理保护及成效 | 32 | 河湖水质及城市集中式饮用水源水质达标情况 | 9 |
| | | | 地级及以上城市建成区黑臭水体整治情况 | 4 |
| | | | 河湖水域岸线保护情况 | 9 |
| | | | 河湖生态综合治理情况 | 5 |
| | | | 公众满意度调查 | 5 |
| | 合计 | 100 | | 100 |

# 9. 河湖长制省级考核有哪些重要指标？

**2018 年安徽省省级河长制湖长制工作考核指标表**

| 序号 | 考核项目 | 考核指标内容 | 分值 |
|---|---|---|---|
| 1 | 体系建设和能力建设（16 分） | 河长制湖长制工作体系建设 | 10 |
| 2 | | 能力建设 | 6 |
| 3 | 水资源保护（10 分） | 用水管理 | 4 |
| 4 | | 节水减排 | 4 |
| 5 | | 水功能区水质达标率 | 2 |

续表

| 序号 | 考核项目 | 考核指标内容 | 分值 |
|------|----------|--------------|------|
| 6 | 水域岸线管护<br>（10分） | 河湖管理范围划界率 | 4 |
| 7 | | 重要河湖岸线保护和利用规划 | 2 |
| 8 | | 水域岸线整治情况 | 2 |
| 9 | | 非法码头治理情况 | 2 |
| 10 | 水污染防治<br>（32分） | 主要水污染物排放总量削减完成率 | 4 |
| 11 | | 排污单位环境违法情况 | 5 |
| 12 | | 城镇生活污水处理设施建设 | 5 |
| 13 | | 城镇生活垃圾处理设施建设 | 3 |
| 14 | | 畜禽养殖废弃物资源化利用 | 3 |
| 15 | | 化肥农药使用量 | 3 |
| 16 | | 运输船舶生活污水防污染改造情况 | 3 |
| 17 | | 船舶港口污染防治情况 | 2 |
| 18 | | 入河排污口规范化监管 | 4 |
| 19 | 水环境治理<br>（19分） | 《水十条》考核断面达标率 | 5 |
| 20 | | 城镇饮用水水源地水质达标率 | 6 |
| 21 | | 备用水源 | 2 |
| 22 | | 城市黑臭水体消除比例 | 4 |
| 23 | | 农村生活污水处理设施建设 | 2 |
| 24 | 水生态修复<br>（8分） | 河道生态流量保证率 | 1 |
| 25 | | 湿地保有量 | 2 |
| 26 | | 湿地保护率 | 4 |
| 27 | | 新增水土流失治理面积 | 1 |
| 28 | 执法监管<br>（5分） | 涉河湖违法行为处理率 | 5 |
| 合　计 | | | 100 |

## 10. 河湖长制考核结果如何运用?

(1)2017年度考核验收情况

2017年6月,省河长办印发《安徽省全面推行河长制2017年度省级考核验收办法》。考核验收内容为五大项22小项,其中:河长制体系验收四大项16小项,计50分;成效指标一大项6小项,计50分,分别由省水利厅、省环保厅负责评分。考核结果作为地方党政领导干部综合考核评价的重要依据。

2017年11月27日,省河长办印发《关于做好全面推行河长制2017年度省级考核验收工作的通知》,启动了年度考核验收工作。各市均于12月10日前完成自核自验,报送自核自验报告。12月中下旬,省河长办牵头,13个成员单位参加,派出考核验收组,开展了现场考核。省河长办根据考核验收、省级河长会议成员单位评分情况汇总形成各市考核验收评分,并上报省级总河长会议审议。

经省级总河长第二次会议同意。2018年5月6日,省河长办通报了考核验收结果。同时,将考核验收结果直接应用于各市政府目标管理绩效考核的河长制评分。

(2)2018年度河长制湖长制考核

2018年5月4日,省河长办根据河长制、湖长制深入推进情况,结合实际制定并印发《安徽省2018年度河长制湖长制省级考核办法》(皖河长办〔2018〕26号),根据考核办法,省级现场考核将于2019年1月20日后组织开展。

(3)政府绩效考核

根据省政府印发《关于2018年各市政府目标管理绩效考核工作的通知》(皖政秘〔2018〕925号)文件精神,省水利厅向省政府报送了各市政府的年度目标绩效考核评分,其中:河长制落实与水资源管理各占1分,入河排污口监管0.1分,水域岸线管理0.1分。省河长办进一步细化实化考核指标,将河(湖)长制体系建设和能力建设、水资源保护、水域岸线管护、水污染防治、水环境治理、水生态修复、执法监管等45个考核指标进行赋分,促进各地积极推进河湖长制工作。

# 第六篇

## 案例篇

全面推行河湖长制以来,在各级河湖长的统领之下,河湖问题得到加快解决,河湖面貌得到极大改善,河湖水质得到稳步提升,全社会保护河湖的意识显著增强。但是,也应看到,由于河湖问题点多面广,加之部分问题积累年代久远、涉及矛盾错综复杂,截至目前,河湖保护仍然存在一些工作盲点和矛盾问题,既需要系统治理、久久为功,又需要真查实督、克难攻坚。

近期,水利部公开曝光了38起典型河湖问题,涉及31个省(区、市),包括河湖长巡查河湖不规范、违规填湖、河湖"四乱"、涉河违规建设、侵占河道、非法采砂、污水直排等典型问题,很多都以图文并茂的方式进行了曝光,对处理结果也进行了公布,部分案例还标注了问责处理的法律、法规依据。

**案例一:某省某市3名河长"打卡式"巡河问题**

2018年11月底,某省某市河长办通报了3名存在"打卡式"巡河问题的河长。

2018年1月1日至10月30日期间,某区村(居)级某河长没有上报过一个问题,但市级巡查部门却在其所辖区域内某河道发现了8个生活污水直排问题。

某区村（居）级河长在 303 天的时间里没有上报过一个问题，但市级巡查却在其所辖区域内发现 2 个严重的黑色工业污水直排问题。

某区村（居）级河长上报过 7 个问题，其中有 4 个垃圾问题，1 个共享单车问题，还有 2 个是把拆违现场图片当成问题上报。而市级巡查在其所辖河道管理范围内发现存在生活污水直排，违章搭建的现象，共发现 5 个生活污水直排问题，1 个违建问题。

**案例二：某省某市违规填湖占湖突出问题**

2018 年 3 月，新华网报道某省某市违反《湖北省湖泊保护条例》，放宽湖泊保护标准，在编制及批准实施湖泊"三线一路"规划时未严格落实蓝线保护范围，造成多个湖泊应予保护的部分水域被划出保护范围，造成填湖占湖合法化。

该省依法依规对 16 名相关责任人给予党政纪处分和组织处理。

**案例三：某省某湖区违规私建堤坝问题**

2018 年 5 月，新华社等媒体报道，某省某市夏某在某湖区违规建设矮围，大面积围垸进行种植养殖，圈围水域 3 万亩达 17 年之久，严重影响湖泊生态环境和湖区行洪安全。对此，水利部予以挂牌督办，会同有关部门督促该省进行整改。

截至 2018 年 9 月，下塞湖矮围已基本恢复湖洲原貌。共拆除 18.7 公里堤防、3 座水闸，铲平围堤至湖洲原地面高程，连通了内外湖。该省 25 个单位的 62 名国家公职人员被问责。

某省某湖区矮围整治前、整治中

**案例四：某省某县涉河违规建设项目问题**

　　某省某县潮河及其支流两间房川两岸有关建设项目存在涉河违法违规问题。水利部现场调查发现，一是长城脚下某项目、某房产项目70多栋建筑物不同程度侵占河道管理范围；二是长城某项目严重超挖河道，导致河势改变，建筑物紧邻岸线，存在防洪安全隐患；三是三个项目均实行封闭式管理，占用防洪通道，影响河道巡堤查险和防洪救灾，对防洪安全造成不利影响。

**某省某县涉河违建项目整治前、整治中**

对此,水利部予以挂牌督办,限期整改完成。目前,该省已依法拆除侵占河道管理范围的违法建筑物;三个项目封闭式管理设施均已全部拆除;长城某项目建设单位严格按照原批复方案恢复河道原状,对扩挖处予以回填,留出防洪通道和河道管理范围。

该省、市、县各级纪委监委成立专案组,对 10 名相关责任人依法依纪进行了处理。

**案例五:某省某县淮河河段非法采砂问题**

2018 年 5 月,新华社等媒体报道,某省某县淮河南岸河段河道

**某省某县淮河非法采砂整治前、整治后**

全长 44 公里,原有采砂船 179 艘,砂洲砂坝 95 处,由于非法采砂严重,河岸崩塌,河道破损、河床深切、河势改变,大桥桥基裸露,存在安全隐患。

水利部多次派出督查组,赴现场督办。2018 年 7 月底,该县河段非法采砂已清理完毕,179 艘采砂船全部吊离或拆解远离河道,95 处砂洲砂坝全部平复,存在安全隐患的险工险段得到修复加固。

该省对 35 名相关领导干部和公职人员进行了追责问责。

**案例六:某省某市集中式饮用水水源地整治不到位问题**

2018 年 12 月,中安在线报道,某省某市某水厂饮用水水源地取水口上游约 300 米处存在雨污合流制排灌站,雨天污水直接排入饮用水水源一级保护区;一级保护区陆域内存在酒吧、商店、公共厕所等与供水无关的设施。

对此,督查组进一步调查核实有关情况,对存在失职失责的,要求地方依纪依法查处问责到位。

# 第七篇

创新篇

## 1. 什么是"河长制＋"?

通俗来说,"河长制＋"就是"河长制＋各个传统行业",但这并不是简单的两者相加,而是利用传统行业平台促进河长制相关政策推行,同时河长制也促进传统行业的发展,是河长制与传统行业的有机融合而创造出的新的河长制发展方向。"河长制＋"是河长制工作的进一步实践成果,是推行河长制过程中探索出的一种创新模式,推动河长制不断创新,落到实处。

我省多地在工作实践中,探索出了多种形式的"河长制＋"。宣城市、池州市和蚌埠市固镇县、阜阳市颍东区建立了"河长制＋检察院"工作机制,通过检察院在河长制办公室设立检察联络室,指派检察人员以观察员身份参与河长制工作,积极运用公益诉讼职能加强对涉河涉水违法案件的监督与惩处的方式推动河长制落到实处;铜陵市探索建立"河长＋秘书长""河长＋重点企业""河长＋共青团"机制,确保河长制工作有力推进、取得实效;多地基层党支部推出"党建＋河长制",实行党员包保河道管理,党员活动日同步开展河湖管护行动;金寨县等地探索"河长制+脱贫攻坚"新模式,通过设立河湖垃圾清理水利公益性岗位,从建档立卡贫困户中选聘河湖保洁员,具体从事河湖保洁常态化管理,既有效填补了河湖管护能力的空白,又引导了贫困群众勤劳致富,助推脱贫攻坚。

## 2. 什么是"正气银行"?

"正气银行"是指黄山市西溪南镇西溪南村借鉴银行运作模式,将平日里百姓的正能量行为,以"正气币"的形式进行储存积蓄,并以适当方式进行奖励,引导村民参与美好家园建设活动,这是全国首例全民化服务新模式。

**正气银行**

"正气银行"的"正气存折"由西溪南村统一印制,储蓄的内容包含门前三包、见义勇为、好人好事、捐资援灾、义务献血、照顾弱势群体、志愿服务、支持镇村发展、示范引领乡村旅游、协调解决矛盾纠纷、示范引领家风乡风文明、其他正气行为等11个子项。每项正能量行为可获得正气币币值,一次正气行为可获1~20分不等。如拾捡公共垃圾最高可获得5分,助人为乐、捐款助灾、志愿服务等获得10分,见义勇为、义务献血、照顾弱势群体、带动村民致富等获得

正气存折

20 分。

西溪南村同步开放了"正气超市",置办毛巾、牙刷等生活用品,以正气币积分的方式"明码标价",村民凭存折可即时兑换。同时正气币可转赠,鼓励党员干部自愿将正气币转账给贫困户、创业户以及弱势群体等需要帮助的人群,传递志愿奉献互助的正能量,进而缓解贫困户经济压力。

## 3. 什么是"生态美超市"?

"生态美超市"即"垃圾兑换超市"升级版。黄山市首家"垃圾兑换超市"由休宁县流口镇于 2016 年 7 月首创,是当地政府在环保和扶贫项目上的一个创新尝试,通过引导和鼓励村民用垃圾兑换日用品,实现了垃圾整治变末端清理为源头减量,生态建设变被动保护为主动参与,形成了"政府引导、市场补充、公众参与、生态共享"的全民保护新机制。

为加快绿色生产和生活方式理念的转变,从 2016 年 9 月起,黄山市将新安江流域已建的"垃圾兑换超市"全面升级为"生态美超市"。与以往相比,"生态美超市"完善垃圾回收兑换机制,从源头上把好垃圾分类回收关口。同时，建立"会员制""积分制"等制度，以户为单位办理"生态美超市"会员卡或建立"绿色账户"，作为村民储蓄积分、兑换物品、参与生态文明实践活动及享受"生态红利"的凭证。村民除捡拾垃圾直接兑换日用品外，也可用积分兑换生产生活用品；达到一定积分，还可参与"生态美之星""生态卫士""美丽庭院""宜居人家""文明示范户"等评比活动，获得"生态美红包"奖励。其中，门前三包、庭院美化、志愿服务、护河禁渔、不乱扔垃圾、好人好事、捐资援灾、义务献血、尊老爱幼、乡风文明等行为，均为村民获得积分的项目，拓展了垃圾兑换的外延和内涵。黄山市还鼓励建档立卡贫困户以志愿服务形式，参与"生态美超市"的日常运营管理，以此获取相应积分；鼓励党员干部将自己的积分转赠给贫困户及弱势群体，传递志愿奉献互助的正能量；鼓励支持建档立卡贫困户参与"生态美超市"内扶贫 e 站、土特产展销柜台管理运营，对利用该超市出售土特产品的，给予积分奖励。

黄山市整合新安江生态保护、美丽乡村建设、农村清洁工程、农村电商等项目资金，加大"生态美超市"投入补助力度，引导社会力

黄山市垃圾兑换生活用品超市

量向超市注资或提供物资支持,实现"生态经济反哺生态环境",把"生态美超市"建成垃圾回收中心、生态文明宣传窗口和便民服务平台,用垃圾和积分兑换物品,换出了良好风尚、换出了经济实惠、换出了绿色发展,激发群众参与环境保护的积极性,促进了乡村环境美化和乡风文明养成。

# 4. 什么是"河长制主题公园"?

"河长制主题公园"是由宣城市宁国市在全省率先建成,用以市民日常休闲观光同时大力宣传河长制的公园。宁国市利用主题公园宣传中华河长起源、河长制组织体系、节水护水等河湖长制相关知识,积极构建"水清、河畅、岸绿、景美"的亲水宜居环境,持续释放河湖长制工作红利,为居民营造一个舒适优质的城市环境。

宣城市宁国市河(湖)长制主题公园

# 5. 什么是"三清五水"联治行动?

池州市为进一步落实全面推行河长制湖长制工作,完成年度工作任务,根据当地全面推行河长制工作方案和湖长制实施意见及年度工作要点和责任分工等,于2018年印发了《2018年全市河长制湖长制"三清五水"联治行动实施方案》(以下简称《方案》),在全市范围内开展的以"保护水资源、防治水污染、治理水环境、修复水生态、管护水域岸线"为主要任务的"清河、清湖、清江"行动,即"三清五水"联治行动,实施联防联治,建立河湖管护长效机制,维护河湖健康生命、实现河湖功能永续利用。

《方案》要求坚持在"见河长""见湖长"上下功夫,纵深推进河长制、全面实施湖长制;坚持在"见行动"上下功夫,围绕河湖长制六大任务,聚焦河湖管护中的突出问题,组织开展专项行动;坚持在"见成效"上下功夫,强化各级各部门河湖管理保护的主体责任,发挥"考核问责"和"奖优罚劣"的杠杆作用,深入推进河湖长制各项工作。

《方案》通过明确"全面建立湖长制工作体系""强化水资源保护行动""严格水域岸线空间管控行动""加强水污染防治行动"、

**池州市河长制办公室文件**

池河长办〔2018〕24号

关于印发《2018年全市河长制湖长制
"三清五水"联治行动实施方案》的通知

市级河长会议成员单位、各县(区)河长办、九华山风景区、平天湖国家湿区河长办:

《2018年全市河长制湖长制"三清五水"联治行动实施方案》已经市总河长第二次会议审议通过,现印发给你们,请结合实际认真贯彻落实。

**2018年全市河长制湖长制"三清五水"
联治行动实施方案**

为扎实做好河长制、湖长制各项工作,更好地发挥河湖综合功能,保障河湖生态安全,根据《中共池州市委常委会2018年工作要点》《池州市人民政府关于印发2018年市政府重点工作责任清单的通知》和《安徽省2018年全面推行河长制湖长制工作要点》精神,以及结合《池州市全面推行河长制工作方案》和《池州市湖长制实施意见》的工作要求,进一步落实全面推行河长制工作,确保全面完成年度工作任务,决定在全市范围内开展以"保护水资源、防治水污染、治理水环境、修复水生态、管护水域岸线"为主要任务的"清河、清湖、清江"行动,即"三清五水"联治行动,实施联防联治,逐步建立河湖管护长效机制,维护河湖健康生命、实现河湖功能永续利用。

一、指导思想

深入学习贯彻党的十九大精神,认真落实市委四届六次全会决策部署,以习近平新时代中国特色社会主义思想为指导,以五大发展行动为总抓手,以推进中央和省环保督察反馈问题整改、中办长江专题回访调研报告反馈意见整改工作落实为契机,坚持在"见河长""见湖长"上下功夫,纵深推进河长制、全面实施湖长制,

·1·

"加强水环境综合治理行动""推进水生态保护与修复行动""加强执法监管行动""全面提升河长办工作能力"各项行动的责任主体和职责分工,建立联防联治的长效机制,保障河长制湖长制工作有效开展。

## 6.社会公众参与河湖长制工作的方式有哪些?

截至2018年底,全省共设立公示牌5.26万块,公布河长湖长联系方式和24小时投诉电话。2018年各地共受理960件投诉事项,及时处置并完成答复。省和大部分市开通了微信公众号。

安徽省河长制微信号

为进一步拓宽公众了解河长制的渠道,宣传河湖长制,省河长办通过举办知识竞赛、发布网络调查问卷等形式,让公众更好地了解河湖长制。2017年6月,与水利部太湖流域管理局、江苏省河长办、浙江省河长办、上海市河长办、福建省河长办联合举办了"太湖杯"河长制知识网络竞赛,参与竞赛注册答题共26 268人,参赛者包括政府机关工作人员、企事业单位职工、学校师生和社会公众等,其中河长制工作人员9 302人。2017年3月和2018年12月,分别开展了一次河长制问卷调查。参与者包括政府机关工作人员、企事业单位职工、学校师生和社会公众等。2018年3月至4月开展第二十八届"安徽省水法宣传月",宣传河湖长制。2018年12月,在安徽省水利厅网站开展河长制问卷调查,面向全省水利系统开展"长江经济带建设最美河流湖泊劳动和技能竞赛",设置"全面推行河湖长制先进单位""最美河流(湖泊)""最美护河(湖)员"三类参评对象。

各地聘请社会监督员,设立"民间河长""河湖警长""河小青""企业河长""青年河长",探索实行"党建 + 河长制""河长制 + 检察院"工作机制,凝聚各方力量,鼓励社会公众参与河湖管理保护行动、助力河湖长制工作。

省河长办转发了滁州市《关于全面推行"民间河长"工作的意见》及池州市《池州市聘任"民间河长"工作实施方案》的通知(皖河长办〔2018〕4 号),积极鼓励各地采取多种形式让公众参与河湖长制工作。蚌埠、亳州、滁州等市安排奖励资金,采取城管热线"随手拍"有奖举报等方式,鼓励群众投诉河湖管护问题。淮南开展"最美河长"评选活动,滁州市"小记者河长""大学生河长"参与巡河,池州市妇联打造"清溪姐姐"品牌,拓展社会参与广度。全省参与河湖管护行动达 9.6 万人次,安庆市全面开展河库塘坝"五清"行动,掀起全民参与河湖清洁战役的热潮。各地开展河长制进校园、进社区、进地铁等活动,运用漫画、动漫片、民歌、村规民约等喜闻乐见形式,鼓励群众关注和参与河湖管护。

"小记者河长"巡河

# 7. 什么是河长制决策支持系统?

2018年,水利部印发了《河长制湖长制管理信息系统建设指导意见》和《河长制湖长制管理信息系统建设技术指南》,并于5月启动了全国河长制管理信息系统业务应用的开发工作。安徽省河长制决策支持系统已于2018年12月29日上线试运行。

(1)系统基本情况

系统建设依托地理信息系统、GPS、大数据、移动通信等技术,构建了互联互通、信息共享、运转高效的河湖长制信息化管理平台,可满足河湖长制工作信息管理、问题处理、巡河管理、监督监控和调度决策等业务需求,可实现河湖管理有关信息的静态展示、动态管理、常态跟踪,能为省、市、县三级河长提供河湖长制工作决策相关数据支撑,为省、市、县、乡、村五级河长湖长巡河提供技术手段,为各级河长会议成员单位全面提供了解河湖长制工作的平台和信息共享的途径。

（2）系统访问方式

试运行期间，系统部署在水利专网，各地和各单位可通过水利专网或配置 VPN 客户端建立访问通道的方式，访问系统。系统可通过在浏览器地址栏中输入访问地址直接进行访问，无须安装其他辅助软件，试运行期间推荐使用 IE 浏览器。系统访问网址为：http://10.34.2.65:8080/BusiMgrAInfoServ。

（3）系统重要功能界面展示

系统登录界面

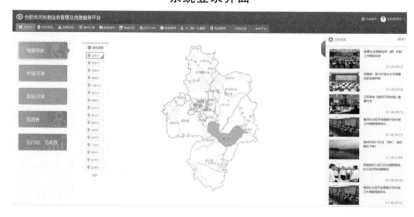

系统工作台界面

系统信息查询界面

系统时间处理界面